知識，可以這樣賣！

打破思考框架的IDEA法則，
輸出觀點就能成為社群、職場KOL

劉恭甫 著

推薦文

個體崛起的時代，從受業者轉型為授業者

何則文（作家、職涯教練、人資經理）

這是一個人人都有知識恐慌症的年代，大家深恐跟不上腳步，參與各種線上、線下的課程。然而，學習的最好方法並不是不斷輸入，而是要透過輸出來固化。也就是要試著去教別人，提煉出所學事物的知識體系，進而分享出去。

我也相信未來是個體崛起的時代，每一個人都必須要經營自己的個人品牌，無論是否在組織內，或成為自由工作者，都要成為一個一人公司，試著讓影響力變現，而這當中最關鍵的，莫過於「教學力」。

劉恭甫老師在這本新作《知識，可以這樣賣！》中，提出了獨創的個人

心法「IDEA法則」，包含知識的萃取（Insight）、傳遞（Deliver）、互動（Engage），以及啟動教學（Activity），給了我們鮮明的道路。除了能協助我們快速提取、整合知識，從受業者轉型為授業者，更能讓我們有正確的方法擴大自己的影響力，以及塑造個人知識品牌。

本書提供了脈絡清晰的理論體系，還有扎實的實作方法，相信不管你是位於哪個職涯階段，從社會新鮮人到高階主管，都可以透過學習當中的技巧讓自己的軟硬技能大幅躍升，成長成為嶄新的自己，邁入成就人生的下一個階段。

推薦文

學一門「知識變現」的好功夫

吳家德（唯賀國際餐飲總經理、作家）

認識功夫老師多年，對他在教學上的評價有三個亮點。

第一，他的邏輯思維清晰，能化繁為簡，把拆解問題系統化。

第二，他的專業底蘊厚實，能舉例說明，讓人容易吸收新知。

第三，他的教學熱忱強烈，能持續學習，創新名號實至名歸。

而這三個亮點，也就是這本書的賣點。

好的老師不只是給你魚吃，更重要的是教你釣魚，功夫老師便是後者。

書中觀點條理分明，由淺入深，將他多年的教學經驗與學習歷程不藏私地公開，我一路暢讀，點頭如搗蒜，就是痛快。

功夫老師也是我認識的朋友當中，最懂得「設計」的益友，原因有三個。

第一，他的思辨力超強，設計「為什麼」的問題，讓你臣服。

第二，他的行動力超強，設計「去嘗試」的步驟，讓你佩服。

第三，他的創意力超強，設計「逆思考」的計畫，讓你折服。

在我看來，這本書的內容又讓功夫老師把知識「設計」到可以賣錢的境界。若讀者可以按部就班地吸收理解，就是作者最感欣慰的結晶心血。

當你讀到我的結尾，也讓我再告訴你一件事——不要停止翻閱此書，讓知識變現，也讓自己能力再現。

推薦文

擁有教學力，讓你身價翻倍！

許景泰（SmartM 大大學院創辦人）

在資訊爆炸的時代，每一個人都要懂得——「高效輸入＋高效產出＝創造個人價值」。

無論你是醫生、律師、老師、業務員、老闆、職場工作者，你都要輸出自己的「專業」，不單只是傳遞知識，有機會更要成為別人的老師、教練、顧問，如此行之，就能讓你的個人身價提升，知識真正變現。

五年前，我開始幫助專業人士打造個人品牌，透過不同的形式讓知識變成一門好生意，包括課程、演講、工作坊、出版、線上付費課、直播付費課等。在過程中，我清楚感知到，從現在到未來，無論你是身處哪一行，想要在行業中脫穎而出，成為行業頂尖，擁有專業早已不夠，你得更深刻的理解該如何輸出自己有價的知識，才能真正成為該行業的「知識型意見領袖」。

而這本書的出版，更證明各行業的頂尖高手多數都擁有強大的「教學力」。因為，教學力就是一種最能具體展現「賣相」，這時代最能變現、展現知識含金的職場能力。個人只要懂得怎麼販賣自己的知識，有效幫助他人、解決他人問題，就能讓自己專業價值大幅提升，也能因著教學的能力照亮和影響更多人！

推薦文

知識輸出，不只是講師的專利

張國洋（「大人學」共同創辦人）

我與恭甫老師認識很多年了，我們還曾一起開設過一堂叫做「體驗式課程的遊戲設計與操作實務」的課程。我們在這門課程中教導許多的企業講師，可以怎麼樣增加課程中的遊戲設計，透過這樣的方式來提升學員在課程中的投入度以及理解力。所以一直以來，恭甫老師在我的眼中就是一名「成功講師」的講師。

不過，想當企業講師，或是必須上台講課的人終究是少數人，更多人是在生活或是職場中不得已而需要教會別人做某件事情。可能是主管，可能是公司裡頭的技術專家，可能是要向一般民眾進行衛教的醫護人員，當然也可能是學有專精，希望知識變現的人。

恭甫老師的這本新書，就剛好適合這樣的族群。

雖然你未必需要上台講課，但若透過正確理解「知識輸出」的方法，習得「課程設計與講授」的概念，你也可以把別人教會，讓事情有進展，讓溝通更順利。

無論你是主管，是技術專家，或只是想讓小孩子學習更好的父母，應該都能從這本書中獲得啟發，並影響你周圍的大家！

知識，可以這樣賣！

目錄

PART 2 知識萃取

PART 3 知識傳遞

PART 4 知識互動

PART 5

啟動教學

前言

成為一名「知識輸出者」

問你一個問題，你覺得將自己在職場上的經驗或知識轉換成知識教學，最大的困難在哪裡？

我在協助很多企業內部講師或是主管在設計知識教學的時候，發現他們遇到的困難大致可以分成三類。

第一，不知道自己要講什麼？

第二，要講的東西太多了。

第三，所講的內容不那麼有趣。

這三大問題，讓我們從教學的角度來說明：

當你不知道自己要講什麼，從教學的角度來說，就是不知道如何有效產出知識內容。

再來，若是要講的東西太多了，從教學的角度來說，就是不知道如何把大量的知識化繁為簡，而且讓所教學的內容具有邏輯性。

而講的內容不那麼有趣，從教學的角度來說，就是不知道如何將教學過程從單向講授變成雙向互動。

總而言之，這三大問題也是這本書希望協助大家解決的問題。

本書第一章，主要談的是職場上將自己的經驗轉換成教學，你可能會想說，我為什麼要讀這本書？我又沒有要當講師，為什麼一定要學會教這個能力？我想告訴你——「教學」的能力是未來最能夠帶著走，以及最有價值的能力之一。

從第二章開始，我將告訴你如何從零開始設計你的知識教學計畫。這可以分成四個法則，分別是深入挖掘知識後，提出見解與觀點的「知識萃取」（Insight）；將知識化繁為簡，使之更淺顯易懂，方便進行講解的「知識傳遞」（Deliver）；讓教學更有趣、接收者更容易學習的「知識互動」（Engage）；以及朝向知識變現之路邁進的「啟動教學」（Activate）。我將這些方法合稱為「IDEA法則」，這是一個從輸入到輸出的過程，可以幫助你運用知識產生更有料，更有用，更有趣的效益。

知識萃取，是將自己的專長、經驗、故事，或者是閱讀學習的結果整理成一套知識。本書的第二章可以幫助你快速整理某一個領域的專業知識。

知識傳遞，是將知識清楚有效地傳達給聽眾，讓聽眾覺得內容很有料。本書的第三章可以幫助你快速入門，成為某一個領域的入門級專家。

知識互動，是除了有效地傳遞資訊之外，還能夠更有趣，以引發學習者的興趣。本書的第四章解析不同的互動方式，可以幫助你把知識教學變得更有趣。

最後的啟動教學，是將知識內容設計成職場課程，並達到教學目標與產生行為上的改變，讓學習者覺得課程很有用。本書的第五章，可以幫助你學習開發一門課程。

透過以上方法，你也可以練就自己的職場教學力。

PART1

教，是一種職場力

「教」的技巧，

是知識工作者一輩子必須具備的技能之一。

要確定學會了某件事，

最好的方法就是自己「教」一次。

1 為什麼一定要學會「教」的能力？

什麼時候會讓別人覺得你很重要？

在學校時，遇到不理解的課業題目，這時如果有一位同學願意「教」你怎麼解題，你一定會很感激他。

在工作上，你對某件事不曉得該如何上手，這時如果有一位同事願意「教」你快速上手，你一定會感激他。

甚至在生涯方面，如果你對未來很迷惘，不曉得該如何選擇方向，這時如果有一位朋友或前輩願意「教」你如何思考與分析，你一定也會很感激他。

這三件事情，都很常在我們的日常生活中發生。簡單來說，如果你能夠

「教」別人某件事，把自己的知識、經驗「輸出」給別人，對方一定會對你心生感激，或許有一天，對方能夠在另一件事上幫到你一把也說不定。

再來，你一定聽過一句話——要確定學會了某件事，最好的方法就是自己「教」一次。

你一定常常為了提升自己某些能力而去學習，雖然學了之後未必馬上有機會教別人些什麼，但是職涯之路這麼長，難保有一天可能要代表公司宣傳理念或產品，或是要引導下屬執行某個任務，甚至要讓同事學會某個系統或流程的操作。這雖然不是一件輕鬆的事，但卻是最好的教學機會！若你能簡單清楚地讓別人理解某項知識，甚至快速學會某個技巧，你就能提高影響力，增加表現自我的可能性。

你可能會想，為什麼要做這件事？工作已經很累了。但在我看來，這件事不僅僅是增加表現機會，也為了倒逼你去學習，不斷地提高你的能力。也可以這麼說，這是你給未來的自己留下的一條後路。

知識輸出，是一種在職場上最能夠發揮影響力的方法，因為不用透過職位高低，就可以發揮自己的影響力，甚至更容易爭取到資源。我自己就是在擔任產品經理時，因同時兼任內部講師而爭取到許多跨部門的資源，甚至讓品牌通路上的合作夥伴都更了解我的產品，進而增加預算和訂單的數量。

而社群時代的知識工作者在很多場合都需要將自己的知識傳遞給其他人，這樣的工作角色包含主管、業務、行銷人員、講師、學校老師等。行銷人員要透過簡報將產品的優勢傳遞給客戶，企業創辦人要透過演講將公司的理念傳遞給大眾消費者，主管要透過教導將工作經驗與工作方法傳遞給下屬，老師需要透過教學互動將知識傳遞給學生，甚至讓學生更有興趣學習。

所以這本書並不是定位在專業講師，而是沒有受過教學訓練的每一個人，包含上班族與知識工作者，是一般人皆可運用的教學指南。尤其是自認為內向、不善於表達的人，因為本書不教你慷慨激昂的表達方法，不談需要高度經驗的教學設計，不鑽研教學理論，而是針對一般職場與網路社群的情境，讓你可以簡單快速、從零開始設計一場分享會、一次教學活動，甚至一門課程，實踐知識輸入到輸出的過程。

「教」的技巧，是知識工作者一輩子必須具備的技能之一。希望各路的知識工作者都可以在這本書中找到適合你的教學方法，擁有創造未來的機會，教出影響力。

2 口才不好，可以教別人嗎？

教學，當然要口才好囉！這是我的既有印象，也是很多人的既有印象。

但我要告訴你，即使口才不好，只要透過一點小改變，也可以更有自信地站上台。

先說我的故事。

我記得第一次代表公司做簡報會議的經驗，事前我花了很多時間設計，把它做得很漂亮，但是當客戶正式來拜訪，繞著我們的大會議室坐下來的時候，我突然感覺到氣氛變得非常嚴肅，害怕自己講錯任何一句話。

於是，當時的我讓電腦很快速地自動播放每一頁簡報，並配上一點背景音樂，大約五分鐘就播完了。這五分鐘全場都很安靜，結束後我站到會議桌前面說，這就是我們公司的簡報，大家互相看了一下，整個氣氛有點詭異。總之，我算是完成了第一場公司簡報會議，這次的經驗也讓我了解，自己其實是很怕上台的。

多年後，我第一次以英文進行簡報會議，是到荷蘭幫經銷商做銷售訓練，時間是六十分鐘。我當時一樣非常緊張，很怕講錯任何一句話，即便鼓起勇氣站上台，但我全程都背對聽眾，看著投影的布幕，把簡報上的英文一句一句唸出來，可想而知，結果也很慘，我再次覺得上台對我來說壓力很大，除非必要，不然我根本不想站在台上。

害怕上台的原因是什麼？我想大部分的人都和我一樣。第一，害怕講錯話；第二，害怕忘詞；第三，害怕現場觀眾都沒有反應，這些窘況往往造成上台者的心理壓力。

直到有一次，主管指派我要對全公司分享無線網路的趨勢，我依舊做了很多頁的簡報，到了要分享的那一天，我仍然緊張，但為了不要再重現只有我獨講的窘態，我做了一件事，這件事後來讓我敢於站上台，不再像以前那樣壓力非常大，不再像以前那樣非常地害怕。

當時，我把無線網路的相關專有名詞，以及對未來趨勢的說明，做成十個題目，像是一張考卷。在站上台的第一時間，我把它發給台下的同事，說明在正式分享之前，想請大家做一個小測驗。過了五分鐘，台下的人都做完測驗了，這時候我打開第一頁簡報投影片，上面是這十個題目的答案，我請大家快速核對一遍。

然後我說明，如果只答對三題，代表你對無線網路非常陌生，有人的臉上瞬間出現驚訝的表情，覺得自己怎麼這麼低分，也有同事左顧右盼，看別人的答案，然後開始取笑對方，這個時候終於有笑聲出現了。

我繼續說，如果答對四至六題，代表你對無線網路一知半解，待會兒的分享會讓你有更全面的認識；如果答對超過八題，算是無線網路的專家了，其實你不用聽這場分享，可以走出去了。聽眾開始爆笑，大家紛紛看誰答對八題以上，結果只有一位同事，他主動對大家說：「我剛才是亂猜的，所以待會兒一定要好好聽你的分享。」台下的人大笑與鼓掌，我想是抱著一種慶幸的心裡。

我發現同事開始有點期待我接下來的正式分享了，剛才的簡單互動讓我感覺到大家不是在等著看我出糗或看我的笑話，也是我第一次在台上感到自信，而這十分鐘我不過是請大家寫考卷，然後說了幾句話而已，這不需要口才好也可以做到，相對於過去十分鐘壓力如山大、沒有笑聲、必須口才極佳的開場，這是很不一樣的一次經驗。

進行了許多次的分享與演講後，我發現這個開場方法真是有效，有一次我看到美國的電視劇，大家沒事都會拿報紙上的填字遊戲當做娛樂或消遣，我突發奇想，把這十個題目改成一種填字遊戲，並且換一個規則，告訴大家在演講當中會講到這幾個題目的答案，當我結束分享，誰能快速把記錄下來的正確答案交到我的手上，就能得到一個小禮物。

沒想到這六十分鐘的演講，台下的人比我想得還要認真，最後一刻公布十題答案後，有五、六位聽眾立刻對完答案，衝到前台要搶第一名，全場發出爆笑聲和驚嘆聲。我心裡真的很開心，覺得自我挑戰成功，不用學講笑話（我真的很不會講笑話）就可以讓台下的學習者笑得很開心，也讓演講這件事可以更輕鬆、更好玩一點。

這樣問答互動的方法其實非常有效，就連超過百人的大型演講都可以這樣操作，有一次我來不及準備要發給大家的填字遊戲單，於是我現場立刻做了個改變，我把十個題目埋在我的演講簡報中，大約每五分鐘出現一次，每次出現都讓大家先猜測，然後公布正確答案，每個回合我都說這一題答對的可以得到幾分，經過十個回合之後，累計分數最高者就可以贏得我的小禮物。當天的突發狀況讓我發現我不用事先準備紙張道具，只要透過簡報埋入問答環節，即使我口才不好，也能夠讓大家聚精會神地聽我的演講。

我更體會到，分享與演講對我來說不再是一門苦差事，我甚至不需要練成像主播一樣的好口才，也能樂在其中。關鍵在於——我克服了多數人都有的三個恐懼。

第一個恐懼，是我怕我出錯。而當我將開場改成問答遊戲，或在分享當中穿插互動之後，其實變成受眾怕出錯，而不是我。

第二個恐懼，是整個演講或分享過程當中，不再只有我的單口相聲，而是可以聽到聽眾們討論聲、笑聲，甚至尖叫的聲音（當然，這不是對偶像般地尖叫）。

第三個恐懼，是我不再擔心忘詞了，因為每次讓受眾作答的短暫時間內，我都可以趕快看一下接下來要講的簡報，或是快速想一下待會兒要講的重點。這讓我有喘息的機會，也減少害怕忘詞的煩惱了。

PART2
知識萃取

閱讀、學習與上課，
是把別人整理好的知識轉移到自己的腦袋中。
而寫作、表達與教學，則是提煉自己的觀點，
再將知識轉移到別人的腦袋中。

3 為什麼需要「萃取知識」？

每一位知識工作者，無時無刻都在與「知識」打交道，包含閱讀、學習、上課、寫作、表達、教學。

閱讀、學習與上課屬於知識「輸入」，也就是你是從一堆龐大雜亂的資訊中整理出知識，或是把別人整理好的知識轉移到自己的腦袋中。而文章寫作、表達與教學則是知識的輸出，我們把知識系統化，提煉出自己的觀點後，再將知識轉移到別人的腦袋中，這個過程也培養我們獨立思考的能力。

我在許多企業教授創新課程的時候，常常這樣告訴現場的工作者：「創新思維，其實是一種面對困難的獨立思考能力。」因為大部分的工作都是為了要

「解決某些問題」，同時「面對某些困難」，例如要解決銷售不佳、績效不好、客戶不滿意等問題，同時需要面對資源不足、流程繁瑣等難題，所以你需要獨立思考的能力來完成工作。

有些工作者會問我如何培養獨立思考的能力，我的回答很多時候也讓他們非常驚訝，為什麼呢？

因為我認為，訓練獨立思考能力最好的方法就是寫作，而不只是閱讀。

你是否常常發現身邊的人總是訂閱了數不清的電子報，追蹤並閱讀了無數的網站與文章，被資訊不斷地轟炸，卻大多看過就忘。

愛因斯坦說：「任何人閱讀太多，但是實際應用太少，就會淪落為懶惰思考。」也就是說，除非你閱讀的每項內容都花足夠的時間進行消化、連結，甚至應用，否則你會發現你開始同意每一則你讀到的資訊，甚至習慣全盤接受，停止質疑、停止問問題。

而要讓自己有獨立思考能力，不是拚命閱讀就好，還得萃取知識，進而形成自己的觀點。

改變吸收知識的方式

萃取知識的關鍵是反思，當我們閱讀重要文章或是研究報告的時候，至少需要反思這四點，才能有效萃取知識、轉化閱讀。

一、為什麼從這個角度切入？

二、如何形成這個結論？

三、這個結論有什麼缺點？

四、如果由我來寫，如何寫得更好？

而形成自己觀點的關鍵是持續寫作，寫作會強迫你萃取精華內容，丟掉多餘資訊，再加上你自己所提煉出來、獨特的觀點。寫作更是確保獨立思考的好方法，因為這將是一個設定主題後自主尋找答案的過程，這個過程也有四個要訣。

一、定義對的問題

二、決定切入問題的角度

三、分析各種角度的優缺點

四、形成自己的結論

透過這四步，你所吸收到的知識內容才會深深烙印在腦海中，並形成觀點影響他人。

知識萃取是培養獨立思考能力的刻意練習，目的是把你既有的知識做有效的整理，方法有很多種，例如以主題式閱讀的方式進行知識的系統化整理，以累積經驗專長的方式讓技能知識提升，或是以蒐集故事的方式累積知識廣度。

我們必須理解，學習是知識重構的過程，我們不能只是囫圇吞棗地吸收既有資訊，而是透過一次又一次的學習，重新組合自己的知識體系，淘汰老舊與不再採信的資訊，納進新知與對我們有用的知識。在這一次又一次重組的過程中，我們才能不被現有的知識框架限制住，構築出涵蓋自身觀點的知識體系。

4 如何透過閱讀提煉個人觀點？

我有一位同學，他發現我在聊天的時候很喜歡聊親子溝通方面的事情，便認為我應該對這個主題很有興趣，提出邀請希望我在下一次的同學會上做個簡單的分享，我很驚訝，因為說實話，我不曾針對這個主題做過演講，但是抵擋不了同學的強烈要求，我就答應了。

不過我們都知道，「喜歡聊一個主題」與「針對一個主題演講」根本是兩回事，我抱持著既然答應就努力試試看的心態，開始發想講題，除了自己的經驗之外，還找了幾本有關親子溝通的書，開始進行主題式閱讀。

什麼是主題式閱讀？我想從我的書架談起。

我的書架上有各式各樣的書籍，都是我平時感興趣的主題，隨著書籍愈來愈多，我慢慢地必須把書架上的書分門別類，例如談溝通的書放在一起，談創新思維的書放在一起，談管理領導的書放在一起……我相信很多人也會採用這樣主題式的分類，而主題式閱讀就是針對某一主題，精選若干本相關書籍，進行連續性的閱讀、整理和思考，從多個角度掌握同一主題的學問，並從中萃取出一套完整的知識觀點。

一本書的內容或許談及某項專業，然而當你連續閱讀同主題的書時，你會發現每一本書都有自己的觀點，各有側重。其闡述方式也大不相同，有些書的寫法以故事為主，有些書則採工具與步驟化的方法撰寫，其實不分高下。正因為我們進行主題式閱讀，所以能一次讀到多元的觀點與切入點，進而全面性地了解某個知識領域。

主題式閱讀的前提是快速閱讀，快速閱讀可以幫助我們在短時間內吸納書籍的核心內容，博采眾多專家之長，快速架構某一個領域的專業知識。

會進行主題式閱讀通常帶著比較強烈的目的性，例如要蒐集報告、準備演講、進行課程教學，寫文章或寫書。對於想要做知識傳遞的工作者而言也是非常重要的一件事，未來如果想出書，你必須要寫作書稿，或是想進行演講與課程，在編寫教材講義時，主題式閱讀都是非常重要的基本功。

開始進行主題式閱讀

主題式閱讀和寫論文時蒐集資料的過程相似，針對某一個主題，蒐集與篩選大量資料，進行閱讀、思考和整理，形成有觀點、有深度的論述。可以從設計書單開始。尋找某主題的閱讀書單，可以在網路輸入關鍵字搜尋，也可以參考該領域專家推薦的書籍，到圖書館查找同類別的圖書，甚至直接拿起自己書架上的書，都是起頭的方式。

有了大量的書目後，我們需要快速翻閱掃讀。閱覽每一本書的封面、封底、目錄、內容簡介、序言等，了解其結構及主要內容。

最重要的，當我們快速閱覽完一本書，要怎麼樣把知識「萃取」出來？這時候需要先建立知識框架。可以基於其中一本入門書籍的目錄，建立該主題的大致結構，也可以運用5W1H架構（請見第八十五頁），然後開始精讀每一本書，並對照知識框架，標記出相關內容章節，進行知識萃取。

萃取什麼呢？主題式閱讀的萃取有三個方向，可以分成重點、案例與工具三方的萃取。

萃取重點

重點，是指作者在書中說明某件事很重要的理由或原因（Why），或是作者在書中不斷強調的內容與關鍵字（What）。你讀了相同主題的多本書，每位作者都有各自的觀點，你可以萃取你非常認同的觀點，當然也可以萃取不同思考角度的觀點，並且理解不同觀點的來由。簡單來說，你可以透過萃取重點，整理出「為何要懂某個主題的數個理由」或「某主題的數個必讀關鍵」等內容。

例如我答應在同學會要做的親子溝通的演講，當我進行主題式閱讀，讀完幾本有關親子溝通的書後，透過萃取重點，我便整理出「為什麼每個父母都要懂親子溝通」以及「進行親子溝通的三個觀念」。

萃取事例

事例，是指作者會在書中舉例的故事或情境。每一個人的經驗有限，但當我們進行主題式閱讀，就可以把不同書中能夠觸動你的情境或故事萃取出來，包含故事或案例中的主角是在什麼樣的情況下，遇到什麼樣的困難？後來主角做了什麼決定？做決定之後產生什麼結果？你可以透過萃取事例，整理出「這個主題的數種常見情境／場合／問題／困難／故事／案例」等。

針對親子溝通，我整理出「四種常見的親子溝通情境」，例如孩子在學校被欺負了、孩子很努力但是成績不如預期、孩子一直玩手機、孩子早上起不來等四種常見的溝通情境。

萃取工具

工具，也就是「怎麼做」（How），這是指作者會在書中說明或解釋的流程、步驟或方法，這部份往往是作者的經驗精華。當我們進行主題式閱讀，就可以把不同書中講述的流程、步驟和方法萃取出來，甚至進行分析，比較各種方法之間的優缺點。簡而言之透過萃取工具，我們整理出「解決某問題的數種方式」。

針對親子溝通，我整理出「和數位時代的孩子進行溝通的四個方法」，包含用視覺取代聽覺，運用圖像、影片，而不是用文章；從長輩變朋友，和孩子一起討論，共同經歷學習的過程；學會接納，而不只是傳遞自己的想法，命令小孩子；以及設定好遊戲規則，例如晚上十點前到家，每天一定要打一通電話等，讓自己和孩子有個共同的遊戲規則之後，就開始學習放手。

你是否也發現了，這四個議題整理出來的內容，有重點、有案例、有工具，非常有料，已經可以當成寫親子溝通文章的素材，或是進行一場親子溝通分享，甚至未來想要設計成親子溝通課程，似乎都不是問題。

主題式閱讀在教學者的能力養成上非常重要，因為各領域的知識都是博大精深的，我們沒有辦法透過單一來源就了解所有的脈絡。這個時候，我們一定要不斷地進行閱讀，並透過萃取快速整理某一個領域的專業知識。

更簡單的方法，我們可以在讀每一本書的時候，至少寫下一句話，變成自己的觀點。我在成為講師的過程當中，便是透過這樣的方式不斷地看文章、讀書，把觸動我的內容轉化成自己的話，連續一百天，我寫下了一百句觀點，後來我把它稱為「功夫語錄」。這樣的練習有助於你設計自己的知識教學內容，或是觀察別人如何設計知識教學內容，是非常重要且基礎的能力。

5 如何累積關鍵作法？

有次客戶要進行年終專案成果發表，邀請我出席，當天我一到會議室，承辦單位的張經理立即告訴我，今天早上總經理可能會進來了解狀況。

接近十一點的時候，總經理果然出現了，並坐進會議室後方一個角落，接下來我看見張經理迅速跑到總經理旁邊，快速向總經理說了一段話，總經理點了點頭，向我微笑了一下，張經理又迅速回坐。

我很好奇張經理早上到底向總經理說了什麼，趁著休息時間，我便開口問了張經理。

張經理表示：「我向總經理說，這是半年來我們正在進行的服務設計專案，目前正在做成果發表。我們的顧問是坐在那裡的劉老師，待會兒要公布前三名，總經理您要頒獎嗎？還是讓我頒獎即可？」

我說：「張經理，您這麼精準的口頭報告，總經理一定非常依賴您吧？」

張經理回答：「總經理常告訴我，他最喜歡我每次都用精簡的方式向他報告，讓他可以快速進入狀況。」

我想，這種報告能力值得讓更多人學習，於是立刻記錄下來。我是如何記錄的呢？

事件情境

你當時在什麼處境下，看到了什麼樣的事件？簡述當時的情況，所需執行的任務內容，要達到什麼目標，或是想要解決什麼樣的困難。

以張經理向總經理的報告為例：

事件情境	口頭報告的方式，讓總經理了解整個會議的情況

關鍵作法

有了事件情境後，我們還需要具體描述執行者在該事件中是如何執行，採取了哪些行動，運用了什麼方法或技巧解決這個問題，也就是所謂的「關鍵作法」。

以張經理向總經理的報告為例：

關鍵作法	1 幫上級回憶重點：這是半年來我們正在進行的服務設計專案。 2 目前進度或問題：目前正在做成果發表。 3 請示決策或選擇：待會兒要公布前三名，總經理您要頒獎嗎？還是讓我頒獎即可？

若是在更複雜的事件情境中，還可以記下一般人的作法，以及成功案例的關鍵策略，並比較其差異。

例如當我讀到《常勝者的策略》這本書當中的一篇案例，是有關曾被《富比士》（*Forbes*）雜誌選為年度最佳企業的輝達公司（NVIDIA）如何讓自家的3D繪圖晶片擊敗英特爾（Intel）等大公司的故事。案例中提到輝達的成功來自優異的策略，當時輝達欲打破半導體產業約每十八個月推出新一代晶片的摩爾定律，決定加快產品開發周期，每六個月就提升繪圖晶片的處理能力，藉此領先競爭對手。

為了找出致勝重點及相應策略，輝達建立三個獨立開發團隊，輪流在十八個月間推出新產品。既然強調時效，輝達便將心力與資金投注於維持有效率的研發與生產上。這樣一來，輝達的產品有八三%的時間都是市場上較好的產品，不僅能讓消費者因討論新品而擁有免費的宣傳，也藉此引發產業結構變化，降低了主機板的額外成本。

我如何記錄輝達所採取的優異策略呢？

關鍵作法	
	一般作法：半導體產業通常每十八個月推出新一代晶片或新產品
	成功策略：加快產品開發周期，建立三個獨立開發團隊，每六個月就提升繪圖晶片的處理能力，藉此領先競爭對手

好的事例萃取紀錄就是一個架構清楚、容易理解的故事。尤其運用關鍵作法來記錄與描述，可以幫助自己與他人明確與具體地了解當時的情況，便於分享與學習。

很多時候人們正經歷著很值得學習的事情，卻沒有實際地記錄下來，可以多試著在工作與生活中以事件萃取的方式，練習這樣的記錄與陳述，將豐富的所見所聞做出精準扼要的呈現，可以幫助自己回顧，或是讓他人可以快速理解某個案例與結果，簡短而有效地傳遞某項事例經驗的價值。

6「你是如何站在對方的角度思考？」

每個人都至少有一個比別人厲害的地方或是有一段比別人更豐富的經驗，「經驗萃取」可以視為人類不斷累積經驗進而進步的過程，例如《孫子兵法》是中國古代的兵書，作者孫武根據其經驗與看法，論述了軍事的主要狀況，對當時的戰爭經驗進行總結，更提出一些革命性的軍事問題，並且揭示具有普遍意義的軍事規律。

在職場中，知識工作者能夠將經驗（Experience）轉換成技巧（Skills），是一個有效的自我加值方法。在管理上，公司的專業知識或者是累積的經驗，如果能被整理成一套套可以被學習的方法，公司的新進員工就能夠減少很多摸索的時間，以降低管理與試錯成本。

經驗萃取對於教學者來說非常重要，可以幫助自己將過去的成功經驗拆解為步驟方法，更有效地教授給學習者，讓自己的經驗發揮更大的價值。

每個人都一定可以列出自己的經驗，但該如何進行步驟拆解呢？

有一次，公司的人力資源部門主管發現我在會議中能夠精準地對下屬交辦任務，於是希望我可以在公司內部和同仁們分享主管如何交辦任務。

一開始我毫無頭緒，便對人力資源部門主管說：「只要站在對方的角度思考就可以了啊！」

人力資源部門主管說：「對，這樣沒錯，但是還不夠。我問你，你是如何站在對方的角度思考？有沒有一些方法、步驟或技巧？你會說什麼話跟對方溝通？你可以好好回想嗎？」

於是我回到座位上，開始認真思考我到底是怎麼做的，並慢慢將交辦的順序整理出來。

提煉細節

我發現交辦任務需要做以下幾件事，於是就開始將經驗細節列出來，只要關鍵字，也沒有順序之分，就是把我們自己的經驗細節提煉出來。這裡的重點是想到什麼就寫下什麼，只要寫關鍵字就好，不需要考慮順序是否正確。

例如針對「主管如何交辦任務」的經驗，我列出以下關鍵字：

・期限
・內容
・目的
・理由
・結果
・要求

分類排序

接下來的步驟，是要進行分類與排序，目的是轉換成大腦容易學習的邏輯。我將關鍵字分成A、B、C三類，分別命名為「A目標說明」、「B任務說明」、「C總結決議」，也將剛剛列出的關鍵字重新進行排序，寫為以下：

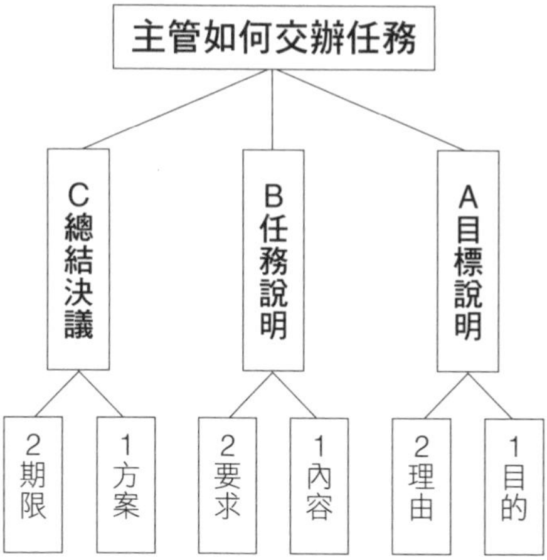

具體動作

第三個步驟要將關鍵字轉換成具體動作，由於我們要進行教學，所以必須要把先前的經驗轉化為可被他人執行的動作。我們將關鍵字加上更多的說明，或許是一句話，也可能是一段描述。

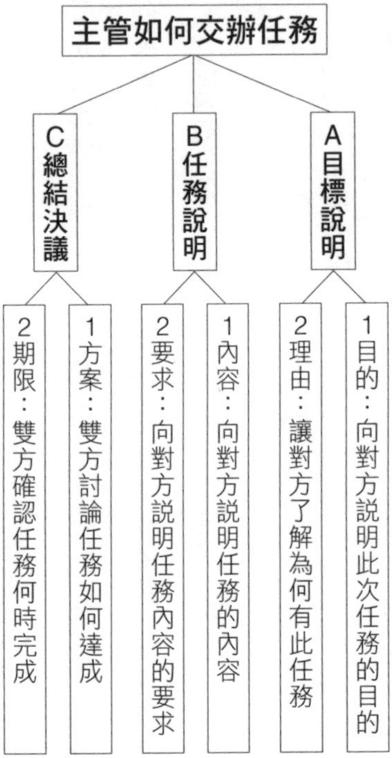
主管如何交辦任務
A目標說明
1目的：向對方說明此次任務的目的
2理由：讓對方了解為何有此任務
B任務說明
1內容：向對方說明任務的內容
2要求：向對方說明任務內容的要求
C總結決議
1方案：雙方討論任務如何達成
2期限：雙方確認任務何時完成

經過這三個步驟，「主管如何交辦任務」就能整理成如同邏輯樹的架構，包含主要問題、關鍵字，以及具體作法，抽絲剝繭、一層一層地列出可執行的途徑。

整理的過程讓我發現，原來自己的經驗可以轉換成讓別人學習的方法。分享過「主管交辦任務的技巧」之後，我陸續用這個方法在公司內部進行分享，甚至變成在企業內部開課，諸如簡報技巧、銷售技巧、創意技巧等都是在這樣的基礎上慢慢發展而來，運用自己的經驗或專長，整理成可以被其他人學習的方法。

PART3

知識傳遞

如何把複雜的知識講得很簡單？
不僅要拿出專業的知識點與乾貨，
更要讓學習者能夠聽得懂你在講什麼。

7 我的第一堂課

菜鳥時期的我，有一次參加了一個公司高層的重要會議。會議中除了討論下個年度的重要專案之外，總經理還宣布了一件事情。他說明公司近年員工人數急速成長，眼見著接下來幾年的專案規模和市場規模也會愈來愈大，所以我們必須在各部門做一個「知識升級計畫」，希望各位重要的高階主管能夠帶領團隊，以讀書或研究市場的方式，讓團隊的知識能量升級。

與會的副總回到我們的部門，在當天的團隊會議中立刻選了一本書，書名叫做《跨越鴻溝》（*Crossing the Chasm*），這本是歐美分公司以及經銷商一起推薦的書，他希望同仁能夠一起讀，還當場問團隊裡有沒有誰想要自告奮勇先讀這本書，並和大家分享。我看了看旁人，沒有人舉手，不知道哪裡來的勇氣就舉起了手，沒想到立刻換來一陣掌聲。副總馬上把書交到我手上，我第一時間翻了翻，發現是英文版的原文書，心裡一驚，想說慘了。

回到家之後，我開始用晚上的時間讀這本書，花了快一個星期才把整本書讀完，並且把書中的重點摘要整理成一份簡報。我很開心地去找副總，與他分享這份簡報檔。副總看完後問我一個問題，他說：「如果你上台分享這本書，會希望達到什麼目的？」我大致說明三點：第一，讓團隊快速了解書中的重點；第二，讓大家對這本書有興趣；第三，分享完之後知道如何運用在工作上。

副總又問：「那麼，你現在的這份簡報有達到這三個目的嗎？」

我再次看了我的簡報檔，發現只能達到第一個目的，第二、三個目的根本做不到。於是副總希望我試試看，能不能做到第二和第三個目的。

回到座位之後，我開始想怎麼樣可以達到後兩個目的，第一個浮現在我腦海的是：「公司要用這本書來做什麼？運用什麼？運用到哪裡？」

慢慢地，我理出一個頭緒，書中的表格、圖表、工具等是可以讓工作同仁練習的，只要練習就能產生運用的效果。但是問題來了，要如何與工作產生連結呢？因為這本書主要是談行銷，於是我開始詢問同事目前在行銷工作上遇到的狀況，再整理出幾個比較關鍵的問題，並試著使用書中的工具與問題生連結起來，解決我的第三個目的。

然而，我還是沒有解決第二個目的，也就是如何讓公司團隊對這本書產生興趣。當天回到家，我決定先放鬆一下，什麼公事也不要想，開始和我的小孩玩，這段休息時間總是讓我特別開心，玩了一陣之後，我突然意識到孩子在玩遊戲的時候總是特別投入，當我向他介紹玩具的時候，他總是特別有興趣想要聽我說話。這讓我聯想到——是否應該設計一個小遊戲，讓團隊成員因為對這個遊戲而對這本書產生興趣？我決定明天就來做。

這本書其中一個概念是——當任何新的科技進入市場時，每個人會因為對新科技的接受程度不同，而採取不同的因應態度。簡單來說，比較能夠接受新科技的消費者，通常在第一時間就會買下最新型的產品，而對新科技不了解，或無法接受的人通常會選擇觀望。書中依照接受程度高低將消費者分為五個階層，並提出各階層的消費群體都有個大致的占比。

隔天我看到了一個講述電動車科技的新聞，當時大眾對於電動車這個新科技非常有興趣，但是還不成熟。我看到非常多的新聞在報導電動車，於是便決定運用這個新聞議題結合這本書的內容，設計一個小遊戲。

副總安排我分享這本書的時間到了，我看到團隊主管們依序入場，副總也很開心地介紹我願意自告奮勇分享這本書，接著換我上台。

我先問了大家一個問題：「請問你會買電動車嗎？」並提供五個選項：一、現在立刻買；二、看到朋友買才買；三、等到增設電動站了才會買；四、價格無法降低的話仍然不會買；五、根本就不會買電動車。

我對會議室內的同事一個一個提問，因為這個問題很簡單，也很切合時事，大家都想聽到別人的答案，所以在提問的過程中每個人都很投入，不時地產生笑聲，很多人會突然發現原來某某人會是第一個衝的，原來某某人這麼保守。

我將同事的答案一一寫在白板上，問完一輪之後，針對每個選項做出簡單的統計，統計結果出來後，我放上了我的第一頁簡報，告訴大家這個統計圖表是書中最重要的一個觀念，再看看我們現場做的統計結果，結果發現幾乎與書中所說一致。現場立刻發出陣陣驚訝聲，我聽到很多同事都說不知道原來這本書這麼有趣，在場的副總也說沒想到這本書還挺有意思的。這讓我覺得非常開心，因為我達到了第二個目的，透過一個小遊戲，讓公司同仁們對這本書產生興趣。

當天的分享結束之後，我陸續收到非常多的郵件，參與的同事說這是全世界最簡單的《跨越鴻溝》課程，在那天之後，甚至有同事和其他部門主管看到我便叫我劉老師，讓當時還是菜鳥的我非常驚訝，也很有成就感。從此之後，我對於「如何把複雜的知識講得很簡單」這件事產生了極大的興趣。

這就是我的第一堂課，也對我未來的職涯轉型成為講師與顧問，埋下了一顆改變人生的種子。

8 如何架構一堂知識課？

回想自己的學生時期，常常看到老師在台上非常賣力地講課，但學生們聽不懂老師講的東西，這是什麼原因呢？

一般來說，學生聽不懂老師所講的內容，可能有三個原因。第一個是老師講太多了，所以學生記不住；第二個是講述的理論太難了，學生根本聽不懂；第三個是沒有案例，所以學生不知道要怎麼應用，而這三件事其實都阻礙著學生學習，怎麼解決這個問題呢？

因為大腦的工作記憶容量有限，心理學家發現在學習狀態下，每一個類別若只有一到三個項目則記憶效果較好，如果再增加項目，記憶的表現會逐漸降低。

所以，我們可以從「這件事有三個祕訣」為出發點來進行知識傳遞，用這樣的方式，任何人都可以很簡單地把所知道的內容，或是想要傳遞的知識，甚至於必須要教的課程，用很簡單的架構傳遞出去。

333架構

接下來，我們就來運用「3」這個魔術數字來進行知識傳遞的架構設計，這個架構又叫做 333 架構。

知識傳遞為什麼要運用架構呢？因為知識內容是由很多的知識點所組成的，如果教學者沒能有效地將知識點進行組織，會造成學習者很難理解與消化。最常發生的就是講者想講什麼就講什麼，沒有起承轉合，還有些講者只把手上的資料照順序講完，而沒有考慮到學習者能不能吸收。事實上只要運用一個非常簡潔的架構來整合知識，就能夠有效傳遞、讓學習者能夠很容易吸收，這就是333架構的重要性。

而333架構中，這三個「3」分別代表什麼呢？

第一個「3」，是知識在傳遞的過程當中要分三段：開場、重點內容，最後再收尾。

第二個「3」，是開場的時候要先讓學習者知道你的主要內容包含哪三個重點。

第三個「3」，即是你如何分別說明這三個重點。

簡單來說，一開始要預告學習者「有三件事要說」，接下來再告訴學習者這三件事分別是什麼，最後再下結論。

333架構作為簡報使用

333架構也能運用在簡報上，甚至只需要簡短的六頁就能完整說明一項知識。其中第一頁與第二頁為架構中的開場，第三、四、五頁為架構中的主體，分別講解內容的三個重點，最後一頁則是屬於架構的結尾，用來做回顧以及收尾，這是最基礎的六頁簡報。

你可能會立刻有一個疑問，只能設計六頁簡報嗎？當然不是，這是最基本的六頁。設計成十頁、二十頁都沒關係，但是至少要有這六頁的內容。

這六頁的內容到底是什麼呢？

第一頁是主題，可以放上標題、講者名字、日期等基本資訊。第二頁簡報則要開始講你要預告的三個重點分別是什麼。

接著，你就要分別在第三頁、第四頁、第五頁分別細講這三項重點內容，並且在第六頁做結論。

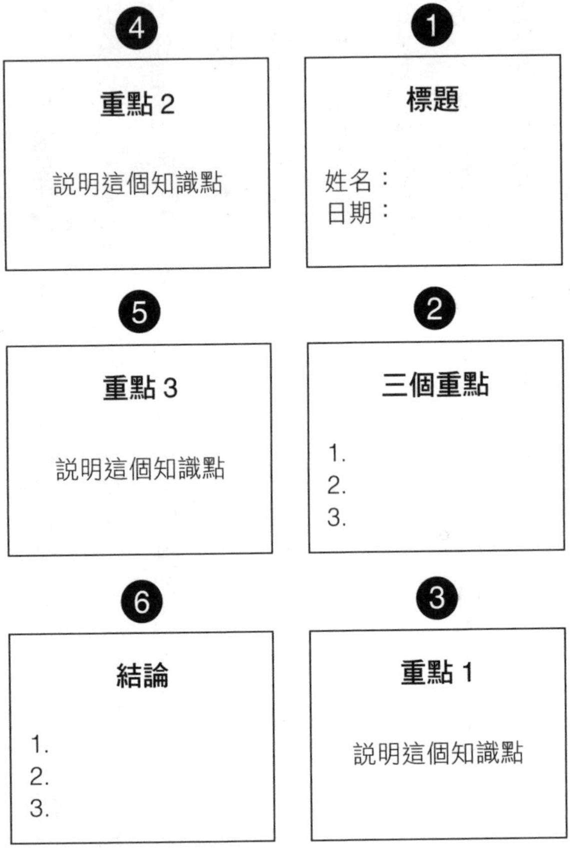
1
標題
姓名：
日期：
2
三個重點
1.
2.
3.
3
重點 1
說明這個知識點
4
重點 2
說明這個知識點
5
重點 3
說明這個知識點
6
結論
1.
2.
3.

用這樣的方式，學習者不但可以很容易地跟著你的節奏、邏輯走，你也可以很輕鬆地設計出你的教學課程。

我有個學生，過去他一直很苦惱於做報告，往往是想講什麼就講什麼，難以理解其內容重點與邏輯關係。當他運用 333 架構製作月度報告，第一頁切入說明這是某個月份的報告，第二頁預告了報告的三個重點。主管跟團隊都很驚豔這份報告非常清晰、前後呼應，讓人能夠快速掌握邏輯。因此不只是對學習者或聽眾，如果是對於長官，運用 333 架構都可以很容易讓人理解你要講什麼。

又例如你想開設理財課程，教授的三項投資工具分別是股票、基金、定存。那麼簡報的第三頁就講股票，第四頁談基金，第五頁則說明定存，一樣能讓人明白你的主要框架為何。

讀到這裡，你可能會想說，要是每一個重點底下還有很多細節怎麼辦？其實這也是有彈性的，你可以在三個重點之下再細分成各個小重點，讓每個重點裡面都有個完整的３３３架構，用這樣的概念便可以構築出一個非常具有邏輯性的知識教學簡報了。

24 好課需要具備的邏輯

假設你有以下內容要教給學習者，請問你要怎麼教？

・基金
・期貨
・債券
・股票
・ETF
・選擇權

最簡單就是按照順序教，對吧？而如果是按順序教，就是老師簡單，學生痛苦。

我們換一種方式，讓老師痛苦一點，學生快樂一點，就是老師需要花時間先組織內容，分成三類，是否比較容易理解？

・風險低：債券
・風險中等：ETF、基金、股票
・風險高：期貨、選擇權

當然更容易理解了，但這對老師來講，需要額外花時間梳理邏輯，所以老師會痛苦一點，但是老師整理之後，學生就會更容易學習。

如果你是學生，你喜歡哪一種學習呢？當然是第二種。這就是我們為什麼需要邏輯，邏輯可以讓學習者可以更容易理解教學者所要教的內容。

為什麼我們的思考表達會讓人覺得沒有邏輯？一般來講有這三個問題

點，第一是對方聽不出你所要表達的重點；第二是對方發現你所要表述的內容雜亂無章，沒有分類，也沒有經過整理；第三則是你闡述的時候沒憑沒據。

那麼，我們要怎麼克服這三個問題點呢？

簡單好用的方法就是**邏輯九式**，分別是**結論**、**因果**、**三點**、**拆解**、**先後**、**流程**、**量化**、**比較**、**事實**，這九個邏輯思考的技巧可以幫助你很快地提升自己的邏輯思考和表達的能力。

這九個技巧分別帶有其目的性。其中結論、因果、三點這三個技巧可運用於讓別人聽出你講話的重點。

運用拆解、先後、流程這三個技巧，能夠讓眾人覺得你所表達的內容不會雜亂無章，而是有經過整理。

最後的量化、比較、事實這三個技巧，則是讓你所表達的內容有憑有據，而且有事實證明，並非只有自己主觀的論點。

至於是不是各三個技巧都要用上？不一定，只要選擇最適合的就可以。

結論

結論，指的是能夠長話短說，以一句話作結。

你是否在開場時就直接告訴學習者，今天課程最後要達成什麼目標？或是今天最後會學到什麼？一開始就講結論，待結尾時又再說一次，包含最後我們今天的課程學到了什麼，或者是眾人做到什麼，若能前後呼應，則能確保此知識傳遞是有效的。

因果

「學習的原因」與「教授的目的」存著的因果關係。你是否有說明為什麼要學習某個知識點？你可以在教學開場的時候說明為什麼今天要學習這項知識，例如今天課程一開始，我就舉一個學習邏輯的例子，得到的結論就是我們要來學習邏輯，用這樣的方式，便能夠交代其因果關係。

三點

三點，是指能夠在許多的事物中整理出重點，甚至能夠以三點提綱挈領。

我們在333架構中曾經說明，開場時可以運用三點的方式預告接下來要表達的重點內容。這個方式的好處是可以用很簡單的一句話，讓學習者跟著你的節奏走。

拆解

所謂的拆解，指的是能夠將雜亂無章的事情進行拆解與分類整理，適合用來說明重點的結構與層次。在講解知識內容的時候，可以對學習者說「今天共有三個重點要說明，其一請注意兩個關鍵」，用這樣的語句引導，帶著學習者來做拆解。

先後

能夠將許多事情以優先次序進行排序，即是先後的精髓。是否先見林再見樹？我們可以依序列出第一點、第二點、第三點等，用這般方式，帶著學習者清楚地走過先後順序。

流程

所謂的流程，是能夠把雜亂的事情進行分類的方式或流程的方式整理，讓事情看起來井然有序。我們在講內容的時候有個最常用的方法，就是以步驟的方式呈現。我們可以告訴學習者：「這個重點有三個步驟，第一步、第二步、第三步分別是什麼。」用這樣的方式來引導，會是非常明快簡潔的。

量化

能夠讓模糊的事情進行量化，便能讓事情更具體。例如使用數字來表達，好比「提高品質」可轉換為具體的說法：「從八十％提高到九十％」。

比較

什麼是比較？比較即是能夠以正反兩面或優缺點進行分析，善用比較可以明確所講述內容的邏輯性。例如在評比產品時，更能針對其優缺點做選擇。

事實

所謂的事實，即是能夠以事實或案例為依據，而非以主觀意識。若能夠舉真實的案例，或是說一個曾發生的故事來驗證要講的內容，學習者便能夠很容易的連接與理解。

運用這些技巧，搭配333架構來進行整個課程內容框架的邏輯檢查，就可以讓你在表達上具有邏輯性，表達一但有邏輯，就容易被吸收與學習。

10 如何安排教學重點？

我們運用邏輯九式檢查知識教學課程的框架後，接著要分別設計教學重點。一堂好課中，重點與重點之間的銜接要能夠讓學習者能夠清楚明白，更能夠一眼看出你的內容邏輯，我們自己身為教學設計者，也能再次確認如此設計的基礎。

最常見的四種銜接方式，分別是**並列重點**、**線性步驟**、**重複循環**、**層級高低**。

並列重點

並列重點是最常見、最簡單的一種呈現方法，針對事情分成一、二、三點，這些重點本身並沒有存在很強烈的連結關係，卻能很快讓學習者記憶。

在工作當中，別人可能經常稱讚你成交能力很強，你可以思考你運用了什麼樣的銷售技巧來提高業績，將之並列提出。例如第一是了解客戶的需求，第二是針對需求提出專業建議，第三是給客戶的承諾要做到說到，第四是和客戶保持長久的合作關係等。因此，針對「能夠提高業績的銷售技巧」這個主題，你就可以很快速地說明四個重點，並用於簡報上（參圖1）：

圖1　並列重點

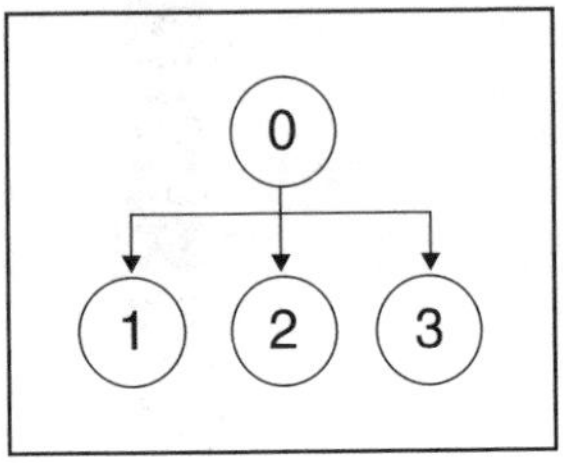

線性步驟

什麼是線性步驟？通常是說明流程時常用的方式，例如曾經出現於國外徵才題目的「如何把大象裝進冰箱？」就是很好的例子。

如何把大象裝進冰箱？跌破眾人眼鏡的答案是這樣的：首先，打開冰箱門；再來，將大象放進去；最後，關上冰箱門。

若你設計的課程內容存在著流程步驟，各項要點是依序發生的，你便可以把它設計成線性的架構，用於簡報上（參圖2），向學習者逐步說明之。

圖2　線性步驟

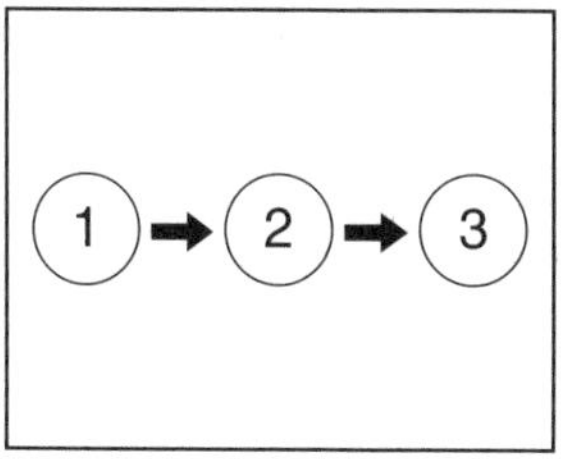

重複循環

重複循環是建立於線性步驟之上，你所要講解的內容除了有步驟，還存在一種迴圈關係，好比在專案管理的領域，工作的重複循環就像是從「計畫」到「執行」，再到「檢查」，最後回歸下一次的「計畫」。

前述「能夠提高業績的銷售技巧」的四項重點，是否也有可能將之設計為一個循環？好比「和客戶保持長久的合作關係」最後還是要回到「了解客戶需求」，這是我們在設計知識教學課程時需要深入思考的部分。

重複循環若用於簡報上，可以這樣呈現（參圖3）：

圖 3　重複循環

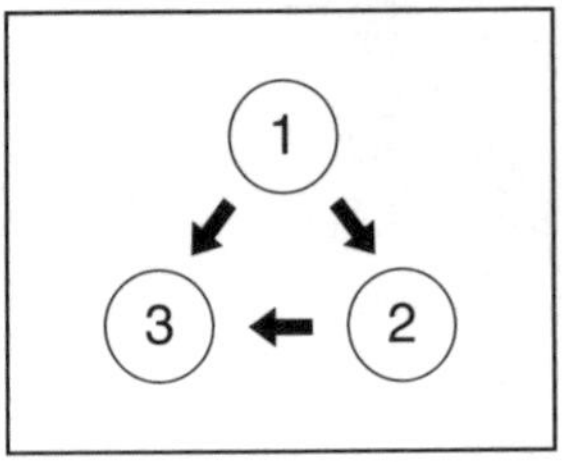

層級高低

最後一種是「層級高低」，我們可以想像金字塔型的結構，其中各個重點是有階層性的概念。這個也是一個很常見的教學骨架，談職位升遷等特別適合運用。

若以「提高工作效率」來舉例，你的教學重點可以是「先做完」、「再做好」，最後是「做得快」，這也具備了層級高低的關係。

若用於簡報上，可以這樣呈現（參圖４）：

圖 4　層級高低

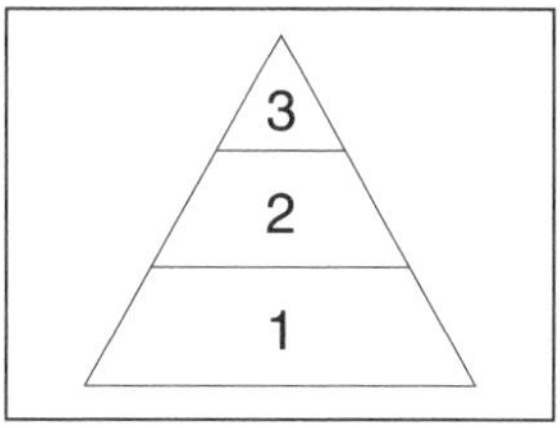

運用前述的方式將我們所要講解的知識重點串接在一起，學習者不但可以按照我們的鋪排與邏輯，也很容易化繁為簡，是每個人都能學習運用的知識傳遞技巧。

11 如何講解知識？

當我們完成教學架構、確認教學內容具邏輯性之後，接下來就是針對每一項知識內容進行設計，如何進行有效的教學？最容易的方法，即是採取5W1H架構。

5W1H架構

5W1H是一種很常見的架構，通常用於解釋一個新興的名詞或新趨勢，讓聽者能夠快速了解某項新事物，搞懂最重要的核心知識。例如解釋

「區塊鏈」這個金融名詞，或是解釋「ＯＫＲ」這個管理名詞，都很適合用５Ｗ１Ｈ來當作知識傳遞的內容架構。

當我們想要快速了解什麼是「區塊鏈」的時候，心理通常都會有哪些疑惑？讀到一篇解釋「區塊鏈」的文章，我們可以發現，它們往往是在闡述這些內容，甚至直接運用這類問句當作標題。例如：

- 什麼是「區塊鏈」？
- 為什麼要懂「區塊鏈」？和我有什麼關係？
- 「區塊鏈」可以用在哪裡？
- 「區塊鏈」是如何運作的？運作原理是什麼？

其實這些問題，都不脫離知識傳遞的內容架構——５Ｗ１Ｈ。

５Ｗ１Ｈ是什麼？怎麼運用呢？

一、原因（Why）

說明為什麼要懂這件事，要達到什麼樣的目的，以及學這個有什麼效益或好處。例如：

・為什麼要懂區塊鏈？

二、**什麼（What）**

說明這個新概念是什麼，和其他概念比較或跟過去相較有什麼不一樣。

例如：

・到底什麼是區塊鏈？

・區塊鏈與比特幣有什麼關係？

三、**相關人（Who）**

說明這個概念是由誰提出的，哪些重要的相關人物影響了其發展，甚至影響到哪一些人，例如：

・區塊鏈與我有什麼關係？

四、時間軸（When）

說明從什麼時候開始、如何演變、中間經歷過什麼重大事件等，也就是過去、現在、未來各有何發展。例如：

・區塊鏈是何時開始發展的？

五、場合（Where）

說明可以運用在哪裡、曾在什麼地方執行過，以及有哪些成功或失敗案例。例如：

・區塊鏈是否可以用在轉帳、聽音樂、旅遊、行動裝置？

六、如何做（How To Do）

說明如何實施、執行具體方法為何、要用到哪些技術和工具、有什麼樣的流程與步驟等。例如：

・區塊鏈是如何運作的？
・區塊鏈的運作方式需要哪些技術？

這 5W1H 的架構可以說是萬用的知識傳遞架構，當你想要快速將一個名詞讓他人理解，可以立即用 5W1H 的方式進行整理，透過逐一回答 5W1H 的問題得出來的答案，就等於是完整的知識傳遞內容。

12 理性的知識教學方法

完成了每一項知識內容的講解設計之後，緊接著要透過表達使學習者吸收、理解。大部分的知識內容都可以運用理性的教學表達方法來進行傳遞，最常見的四個方法分別是**分類法**、**公式法**、**對比法**、**數字法**，能夠讓學習者更容易吸收與學習。

分類法

分類法顧名思義，即是「分類」。當我在談職場工作效率、問題分析、人際溝通、企業管理、銷售等議題時，常運用的分類模式大致上有這幾種，當然，你也可以進而思考屬於你的分類。

一、依照程度來分出A／B／C等級

當我要向學習者說明「如何向主管報告」時，會把需要向主管做決定的狀況分成三種等級，例如：

- A級代表需要與主管商量，例如業績、營運數字等
- B級代表可自行先想好解決方案，再詢問主管意見
- C級代表無論如何處理，都不會對業績造成影響，可不必過問主管

二、根據時間性來分成緊急／不緊急

當我在設計「如何判斷問題是否緊急」的知識點內容時，我會將許多問題依照緊急程度分成兩種，例如：

・三小時內必須處理的是緊急問題

・超過二十四小時再處理的不算緊急問題。

三、依據目標來分成重要／不重要

當我在設計「如何做正確的事以達成目標」的知識點內容時，我會將許多任務依照重要程度分成兩種，例如：

・在年度目標內屬於重要任務

・不在年度目標內的不算是重要任務

四、依照對象來分成理性／感性

當我在設計「如何與客戶溝通」的知識點內容時，會將與客戶溝通的方法大致分成兩種，分別是「理性的溝通方法」與「感性溝通方法」。

五、依照範圍來分成內部／外部

當我在設計「如何管理合作夥伴」的知識點內容，會將許多合作夥伴分成「內部團隊」與「外部團隊」。

六、依照等級來分高／低

當我在設計「如何了解客戶決策層」的知識點內容時，會將客戶決策層級分成「高層決策者」和「基層執行者」。

除了常見的分類模式，我們也可以依照知識點的特性自行分類，好比我在「問題分析與解決」課程中，針對「如何判斷工作問題類型」這個知識教學內容，我是如下講授其分類的：

如何判斷工作問題類型？

我們在工作中往往會發生很多問題，因為時間與資源有限，所以我們必須判斷哪些問題要優先處理，因此，當下判斷問題屬於哪一個類型就非常重要了。我認為工作上的問題有三個類型，第一個類型叫做「救火型」，第二個類型叫做「探索型」，第三個類型叫做「未來型」。

「救火型」的問題，指的是已經發生燃眉之急了，非要現在解決不可的問題。例如你的事業遇上公關危機，你沒有第二件事要做，立刻滅火就對了。

「探索型」指的是這個問題已經發生一段時間了，需要持續探索，透過不斷改善來解決。例如「我們的生產良率愈來愈低，怎麼辦？」而良率問題是從以前到現在一直都有，只是我們此刻看到它愈來愈低了，所以我一定要想個辦法讓它愈來愈高。

「未來型」的問題，指的是現在可能不存在，但是你需要在未來解決

的問題。例如「我們未來如何在某一個市場的市占率拿到第一名？」，或許現在我們還沒有進入這個市場，但是我們目標鎖定在三年後，因為著眼於未來，所以我們現在就要開始要去思考這個問題。

我的簡報則是這麼做（參圖5）：

圖5　分類法

問題的三大類型

問題類型	問題特徵
救火	已經發生燃眉之急的問題
探索	需加以尋找或探索的持續改善問題
未來	育盼未來應該如何的問題

分類法簡單易懂，可以立即運用到工作上。如果針對要教學的知識點的內容，運用分類法，學習者將會更容易吸收與學習，是一個能夠廣泛運用的教學方法。

公式法

什麼叫公式法呢？簡單來說就是先提供一組公式，再向學習者舉例說明此公式如何應用。

例如當我在設計「如何向主管報告」這個知識點內容時，我建議的報告公式是「結論＋理由」，實際說法則為：「建議執行這個計畫（此句為說明結論），因為利潤率分析結果符合公司策略方向（此句為說明理由）。」

我的簡報則是這麼做（參圖6）：

圖6　分類法

如何向主管報告

1. 公式：結論＋理由
2. 例如：這個計畫建議執行（結論），因為利潤率分析結果符合公司策略方向（理由）。

對比法

什麼叫對比法呢？即是先舉例不好的做法，再舉例好的做法，從好的做法分析得到執行的方向。

例如向主管會報，不好的做法是直接報告：「這個計畫很棒！」

好的做法則是：「建議執行這個計畫（結論），因為利潤率分析結果符合公司策略方向（理由）。」

這個教學方法可以讓學習者感受到，原來運用較佳的說法真的會比不好的做法還要好，就會更加認同。

我的簡報則是這麼做（參圖7）：

圖7　對比法

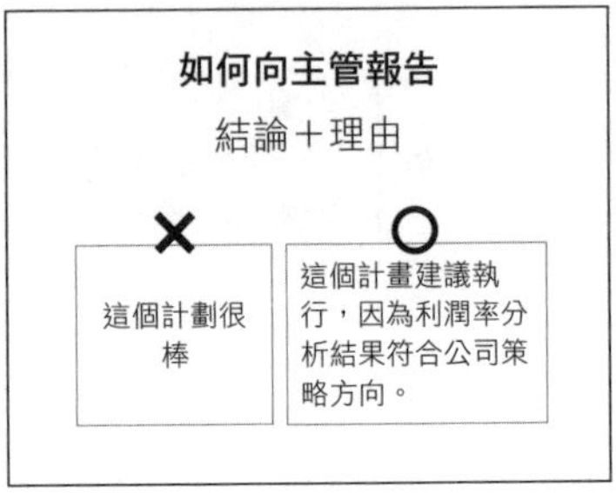
如何向主管報告
結論＋理由
✕
這個計劃很棒
○
這個計畫建議執行，因為利潤率分析結果符合公司策略方向。

數字法

什麼叫數字法呢？數字法就是將形容詞轉換為數字，讓策略更具體。

例如需要提高客戶滿意度，不好的教學內容如「快速回覆客戶進度」，好的教學內容則是「一小時內回覆客戶目前處理的進度」。

我的簡報則是這麼做（參圖8）：

圖8　數字法

如何提高客戶滿意度

一小時內回覆客戶
目前處理的進度

13 感性的知識教學方法

除了運用理性的方法教學，我們有時候也需要換個角度，從感性切入，也就是在教學中講一個故事。其實每個人都很喜歡聽故事，那麼在教學內容中說一個相關的故事來傳遞知識，就是一件很能引發共鳴的事。

用故事來教學，應該怎麼做呢？

在我們生活當中，或者是在閱讀的過程當中，通常都會讀到各式各樣的故事，當我們蒐集到一個好故事之後，可以掌握兩個方向的重要技巧，分別是讓故事結合金句，或是結合方法與邏輯，這兩個技巧其實就是讓我們妥善地把故事融入到知識教學當中。

一則故事，可能是這樣的：

通用汽車對香草霜淇淋過敏？

有一天，美國通用汽車接到了一封客戶抱怨信：「我是你們的客戶，我買了你們的新車，可是我每一次開車去買香草霜淇淋，熄火停車後就會發不動。我們全家習慣晚餐之後去買霜淇淋，神奇的是，只要開到霜淇淋店買其他口味的霜淇淋，車子停下來後還是能夠發動，唯有買香草霜淇淋會讓車子會發不動。」

通用汽車公司收到這封信之後，一開始覺得這名客戶可能是來搗亂的，不過思考過後還是派了一名工程師去查看究竟。工程師來到這名客戶家，決定先跟著他們家的習慣——用完晚餐後開車去買霜淇淋。他發現將車子停好，只要買的不是香草霜淇淋，無論是買草莓霜淇淋、巧克力霜淇淋回來後就可以發動車子，真的只有買香草口味的霜淇淋回來後，車子會發不動。

這真是太神奇了，工程師對於這個問題也百思不得其解，於是他開始詳加記錄，才發現一件事情：這家霜淇淋店的香草霜淇淋特別暢銷，所以放在店門口，其他口味的霜淇淋則放在店的後面。如果顧客要買香草口味的霜淇淋，店員立刻可以在店門口將霜淇淋裝給顧客，節省顧客的時間。

這一家人若只買香草霜淇淋，代表他們從熄火停車到再次發動的時間比較短暫，因為某些物質的堆積會使引擎暫時無法發動；但如果買了其他口味的霜淇淋，店員需要走到店後才能盛裝霜淇淋，耗費時間較久，停下來的車子有足夠時間讓堆積物消散，引擎就可以順利發動了。

工程師終於發現這個原因，問題不在霜淇淋，而是車子的發動機設計，後來也使美國通用汽車大幅度把這個車子召回，順利把這個引擎問題給解決了。

而這個故事可以怎麼樣融入教學，還記得嗎？有兩種方法可以融入課程，分別是結合金句，或是結合方法與邏輯。

故事結合金句

講完一個故事，你可以運用一句話來總結，這句話即是這個故事帶給你的啟發。

在前述的故事當中，美國通用汽車在收到抱怨信的後的想法是什麼？他們想說「怎麼可能有這種問題？」，認為客戶可能是來亂的。

但這間公司為了謹慎起見，還是派遣工程師前去了解狀況，才能夠發現真正的問題。因此，我們可以說這個故事中帶給我們一個啟發——還沒有找到問題的真因之前，先不要太快下判斷。

將故事萃取成一個道理或一句金句，最好和你的教學內容是能夠連結的。在「通用汽車對香草霜淇淋過敏」的例子中，我得出「沒有找到問題的真因之前，先不要太快下判斷」的結論。而當我在設計「如何找到問題的真正原因」的知識教學內容時，就運用了這個故事來進行連結。

故事結合邏輯方法

講完一個故事，我們也能夠從中萃取出一些方法或步驟，能不能從「通用汽車對香草霜淇淋過敏」的例子中找到方法或步驟呢？當然可以。

第一步，工程師到現場去，重新演示這個家庭平常買霜淇淋的習慣，這是屬於「還原現場」的動作。

第二步，工程師開始觀察並且記錄，發現到霜淇淋店買不同口味霜淇淋所需時間不同，所以這是「觀察記錄」。

第三步，工程師運用事實比對為什麼買不同口味霜淇淋的時間會不一樣，才慢慢地發現問題的真正原因，這是「事實比對」。

這麼一來，我們便從這個故事拆解出「找到問題真因」的三個步驟了，這就是故事結合方法。

從故事裡面萃取出的方法或步驟，最好能夠和我們的知識教學內容相結合。平常把準備教學的知識點關鍵字記在腦袋裡，例如我要教「問題的拆解與分析」，在閱讀文章、書本，或者發現生活周遭的案例相符時，就可以進行蒐集和整理。

還有些故事不一定能萃取出方法，卻能從中萃取出一種邏輯關係，讓學習者透過這個故事裡面的邏輯模型來理解某個概念。例如這個故事：

為什麼要買酸李子？

老太太因為媳婦懷孕想吃酸李子，於是到水果攤買酸李子。她走到每一家水果攤，都問老闆同一個問題：「有賣李子嗎？」

第一家水果攤的老闆說：「我們的李子很甜！」因此老太太沒有買。

第二家水果攤的老闆先回問了一句：「有酸的，有甜的，你要買哪一種？」所以老太太買了一斤酸李子。

回家途中，老太太又經過第三家水果攤，她想再買一斤，沒想到老闆問了一句：「客人都喜歡買甜的李子，你為什麼要買酸的呢？」於是老太太說出原因，是因為媳婦懷孕，想吃酸李子。

第三家水果攤的老闆聽完，不僅提供酸李子，還特別提到：「孕婦多吃些富含維生素的水果，小孩會更聰明喔！」

這個回答讓老太太很有興趣，進一步問老闆：「哪種水果維生素含量比較高？」

老闆回答：「當然是奇異果囉！」於是老太太又多帶了一斤奇異果回家，之後更常常來這家水果店買水果。

這個故事馬上就能帶給我們一個啟發——想要有更多的生意跟客戶，你就要永遠想得比客戶多一點。這是故事結合金句，但不僅如此，這個故事是否能夠結合邏輯？如果我們在教學裡面需要講解「客戶需求三層次」，這個故事是否能派上用場？

過去在教學「客戶需求三層次」時，都是透過一個金字塔的架構，把客戶需求分成三個層次。

第一層叫做基本層，客戶需要，而你做到了。

第二層是加分層，表示客戶沒說出來但是心中想要，而你做到了，便是加分。

第三層就是驚豔層，客戶沒想到的問題，你不僅幫他想到，還幫他做到了，客戶就會產生驚豔的感受。

第一家水果攤老闆連客戶的需求也不問，連基本層都沒做到，所以當然沒有成交。

第二家水果攤老闆很很快速地問了客戶的需求，也因此快速成交，這可以解釋成加分層。

第三家水果攤老闆透過問問題了解老太太買李子背後的需求，更嘗試幫老太太解決心中希望孫子更聰明的需求，便能解釋為「客戶沒想到，你不僅想到，而且你還幫客戶做到了」。

由此而見，將故事結合邏輯關係，也是一個非常好的教學方法。

把故事轉換成課程是在教學中經常做的事，我們平時需要做一些練習。首先當你在生活中發掘了某些故事後後，要花點時間把它記下來、整理起來，甚至按照你準備要分享、演講的教學主題做分類。這項練習其實很像主題式閱讀法，你的書架不也是按照主題來進行分類擺放嗎？

將所閱讀到的故事分類整理之外，你還可以多蒐集有共鳴的金句，可以運用在知識教學或是文章當中，成為自己的金句資料庫。

最後，你還可以累積累積自己的邏輯模型庫。故事通常是感性的，但是為了教學，我們通常要試著運用理性來解讀，此時邏輯的練習就是不可或缺的，從中找出方法或步驟，即是從感性到理性的過渡。

14 開場的四個方法

請站在學習者的角度來思考，學習者在一場教學開始前，最想聽到的會是什麼？

一般來說，學習者在一開始會想要在很快的時間內先快速理解講師準備要講那些東西，也就是講師要講什麼。

第二個讓學習者最想聽的內容，就是「這堂課所講的內容和我有什麼關係？」因為這會決定他接下來半個小時、一個小時，甚至兩個小時他值不值得花這個時間來聽這堂課，以及自己能不能學習到東西。

任何的知識教學都需要起承轉合，這包含學習者最想聽到什麼、學習的過程當中是否能理解，以及結尾時是否能快速地回想起學習的內容。而在開場技巧中，最重要的是要能夠回答前述的問題，也就是學習者一開始想聽到什麼。

我們可以運用四種開場技巧，分別是**目的型開場**、**問題型開場**、**故事型開場**，還有**事實型開場**來引起學習者的學習動機。

目的型開場

目的型開場的重點在於清楚明快讓學習者在一開始的時候就能夠了解這堂課準備要教什麼，我們發現很多的學習者其實沒有很多的耐心，很想一開始就理解你的教學到底值不值得花時間聽下去。所以訴求目的型的開場可以很清楚明快的提供答案，尤其是提供給沒有耐性的學習者。

目的型開場通常都要能夠具備「為何？」、「做什麼？」、「花多少時間？」這三個元素。一開始開場的時候要告訴學習者為什麼要學這件事、會花多少時間，以及將會學到什麼。如此一來，學習者便可以知道，自己要準備投入多少的時間。

也可以告訴學習者說，今天會講什麼樣的重點，會分多少個段落等。用這樣的方式讓學習者了解他接下來要學的內容有什麼樣的邏輯。

你可以這麼說：「接下來將用五十分鐘的時間，教大家如何看懂財務報表中最重要的十個數字。」

或是說：「接下來的課程將分成三段，每段我將會用一個故事告訴大家如何提高業績。」

還可以這麼說：「這節課結束之後，每個人都可以學習到如何在三十分鐘內有效快速地閱讀一本書。」

問題型開場

問題型開場重點在於提出很多學習者在這個課程主題上自己通常會產生的疑惑與問題，例如「這是什麼？」、「這要怎麼做？」。講師在一開始講課的時候，就把這些學習者心裡可能會浮現的問題先拋出來，讓學習者感同身受，這樣就能夠提高學習者的學習意願。

如果講師一開始講的問題正是學習者心裡很想要了解的問題，那麼學員當然會覺得很值得花些時間來聽講師怎麼解決這些問題，因此用問題來開場，是一個非常能夠吸引注意力的方法。

例如你可以說：「各位有沒有時間太少，想做的事太多，永遠做不完的經驗？有沒有更好的辦法可以有效率地完成工作呢？」

還有一種自問自答的方法，例如：「如果我們每個月的薪水只有三萬，要怎麼樣可以財富自由呢？接下來我將用一個小時的時間告訴大家如何做到。」

這就是很標準的自問自答法。在自問的部分，即是每個人都心裡都會有的類似問題，「薪水很少，但又想要財富自由」，所以一開始的切入點就是大眾最關心的重點。自問之後還需要自答，「接下來我要用一個小時時間告訴大家怎麼做到」，當學習者若也有這項疑問，就會用一個小時來聽你解答，因此自問自答也很適合用在教學的開場。

故事型開場

故事型開場通常比較感性，尤其是很多的學習者喜歡聽故事，所以一開始的時候會被故事所吸引。不過故事如果要用在教學上，通常會帶有某種教學的目的，希望能夠藉由故事讓學習者對於接下來要講的知識內容產生共鳴，一旦產生共鳴就會吸引學習者更願意進入這個課程，所以故事型的開場也是一個非常實用的開場法。

其中，最常見的是講師本身具有某種經歷，例如：「我曾經下班後晚上自學鋼琴半年，上週我在一個晚會中在兩百人面前演奏，我想跟大家分享我的故事。」從不曾想過有一天自己竟然能夠做到某件事的角度來開場，是非常能夠與人拉近距離的方式。

又例如：「我有一位同學突然被裁員了，但這半年來每月收入還可以超過一萬元，原來他做了這三件事。」也是很有效的開場，引發學習者究其原因。

事實型開場

運用事實作為開場會得到很多理性學習者的認同，理性的學習者想要學一件事情，心裡通常要有足夠的理由說服自己聽下去。而講師一開始如果能夠運用事實說明來開場，等於給了學習者他們心裡面想要的理由，產生說服的作用，達到繼續學習的目的。

常見的技巧包含使用有根據的數字、排名，或是援引某份報告、報導，這樣的例證便是很有效的事實型的開場法，例如：「本年度總共發生了超過一千八百次家中失火，其中百分之三十六的起因是因為忘了關瓦斯。」

如此的開場可讓學習者了解關瓦斯的重要性，以及要學習怎麼樣避免家中失火，尤其要預防忘了關瓦斯，進而理解為什麼要聽你分享的知識內容。

若是根據一份雜誌調研的報告，例如：「剛畢業的大學生，薪水最高的前十名分別是哪些行業別。」你等於是用這份報告來給學習者一個理由，讓學習者知道自己得具備哪些能力，才能夠讓薪水提升。

15 如何說明知識點？

當我們在開場吸引學習者之後，最重要的更是整場教學內容裡，我們必須拿出專業的知識點與乾貨，更要讓學習者能夠聽得懂你在講什麼。這時候我們可以運用四個技巧，分別是**比喻法**、**角色法**、**圖表法**以及**數字轉換技巧**。

比喻法

最常見的比喻法就是「一件事就像是什麼」，讓每個人都能把這件事與自己的生活經驗連結，這是一個很容易使用的方法，簡單而言即是將一個概念

比喻成生活中的某件事

曾任美國副總統的高爾（Al Gore）過去為環境議題製作過一部紀錄片《不願面對的真相》（*An Inconvenient Truth*），為了讓大眾聽得懂較難的專有名詞「大氣層」，他運用「地球儀表面塗了一層油漆」來比喻，這個比喻連小孩都能聽懂。當我們能向孩子清楚地說明一件事，就可以確認每個人都能夠理解，而自己也真的弄懂了這件事。

而思科系統公司（Cisco System）推出史上最暢銷之一的產品 CRS-1 路由器時，總裁需要在一群分析師、客戶與媒體面前舉行一場發表會，向大家介紹這項新產品。大部分的演講者會把焦點放在技術規格，但是總裁決定用另一種更淺顯易懂的方式來說明，他說：「對消費者來說，他們能夠在四・六秒的時間內傳輸整個國會圖書館的館藏內容；對思科的客戶來說，像是電話公司將可以在轉眼之間接通三十億支電話。」

在這個例子中，思科總裁為了讓大家聽得懂艱深的技術規格，他運用

「四．六秒的時間內傳輸整個國會圖書館的館藏內容」來形容這個技術的速度。若是你要教大家學程式設計、學程式語言，要怎麼樣去比喻？怎麼樣把生活經驗拉進來呢？

我們可以說：「程式設計就好像鬧鐘，它是一種預先設計好的行為，想像一下鬧鐘如何響？是我們先設定一個時間，時間一到它就會響，非設定的時間則不會響。程式設計也是這樣，它的一行指令，就好比是一個動作設定。」用這樣的方式，把生活經驗帶進來，便是很實用的比喻法。

角色法

角色法可以說是比喻法的延伸應用，當我們在進行相對複雜，或是涵蓋比較多專業知識內容的教學時，在繁複的系統中，我們可以運用角色來舉例，讓學習者更容易代入情境。

以專案管理團隊為例，一個團隊通常包含項目經理、專案的計畫者、溝通者、執行者等，當你需要解釋他們各自的職責、如何推動專案，你會發現這些知識其實都很生硬，一般人不容易理解。但若你說：「就像西遊記，其中有唐三藏、孫悟空、豬八戒、沙悟淨等角色，他們組成了取經的團隊，各自有著不同的職掌。」運用角色的搭配與你的專業結合，以聽眾熟悉的人、事、物件關係來說明，就可以讓學習者理解你所要講的內容。

圖表法

什麼是圖表？一般來講就是統計的圖表，可能是線圖、長條圖、圓餅圖等多種分析的方法。而圖表法的重點在於「標題」與「重點標示」。

好的圖表標題是直接提出結論，例如呈現業績線圖，標題則直接寫出圖表欲說明的結論：「七月業績創下歷史新高」。

接著，我們可以把這個圖表最重要的一點標示出來，例如畫出趨勢線，或者是把數字標出來，以凸顯重點。

類似圖表應用的還有圖解法，通常用於複雜的知識內容，例如不容易使用文字表達的流程圖、抽象的概念等，利用圖像的記憶性與方便性，讓學習者用看圖的方式理解流程與概念。

數字轉換技巧

很多人會在報告、教學內容當中插入很多數字，但一般人還是不容易理解，這是什麼原因？我們又如何讓數字產生意義呢？

例如運動相關的知識課程提到「燃燒三百卡路里的熱量」，其實像熱量的單位「卡路里」、面積單位「公頃」，甚至距離的單位「公里」對於一般人來說都不容易理解與想像，你可以說相當於吃了一個便當，相當於幾個操場大，甚至相當於台北到高雄的距離等，運用生活化的比喻讓學習者更容易理解，並且賦予數字意義。

16 結尾的四種方法

一場知識內容教學的結尾與開場類似，都有四個技巧，分別是**金句型結尾**、**故事型結尾**、**重點型結尾**和**口訣型結尾**。而這些技巧的用意無非是讓學習者回想起剛剛所吸收、學習到的關鍵。

金句型結尾

金句型結尾的概念是用一句話代表這場教學的精神，或者是鼓勵學習者展開行動，我們可以從書籍、電影，或者是從自己的經驗當中提煉出很有激勵作用的金句。

例如我非常喜歡的一部電影叫做《魔球》（*Moneyball*），我在許多課程的結尾會提到這部電影，簡單地說明劇情之後提煉出最有意義的一句話。讓大家認同這句話，也見間接更認同這門課程。

故事型結尾

無論開場或結尾都非常適合運用故事，我們可以用自己的經驗故事，也可以運用大家熟悉的寓言故事來收尾。

通常寓言故事都會帶有某種教育意義的，例如「龜兔賽跑」，烏龜雖然跑得慢，但跑到了終點，可以用於鼓勵行動較緩，但是很講究自己每一步要走得穩的學習者，是所有人都能認同的結尾方式。

重點型結尾

所謂的重點型結尾，是回顧這一場知識教學的內容，或是回顧一堂課的整體架構。如果你設計的知識教學內容有架構圖，可以在開場時放一次，結尾也放一次，在視覺上前後呼應，用這樣的方式很巧妙地複習，加深學習者的印象。簡單來說，也是幫助學習者回想起剛剛提到的內容重點。

口訣型結尾

「口訣」是最容易記憶的結尾方式，設計好的口訣可以幫助學習者日後回想，例如燒傷急救五步驟「沖、脫、泡、蓋、送」大家都能記得牢，更能運用在需要的場合上，若能設計一個口訣來總結你的知識內容教學，是很實用的結尾方法。

PART4

知識互動

聽一場無聊的簡報或上一堂無聊的課，
是每個人都避之不及的。
唯有在適當時機運用互動與遊戲，
讓學習者在體驗的過程中，還可以達到學習目的。

17 為什麼一定要學會「互動」的能力？

在職場中，凡事要求效率，如果要進行各類型的知識或技能教學，例如教大家如何處理客戶抱怨，直接把正確的方法跟步驟講清楚就好了，為什麼還需要花時間互動或者玩遊戲？

聽一場無聊的簡報或是上一堂無聊的課是每個人都唯恐不及的，而且這些聽講、課程的時間短則一小時，多則往往耗費一整天。然而喜歡玩遊戲是人的本性，這個時候如果可以在適當時機運用互動與遊戲，就可以讓學習者在玩的過程中還可以達到學習目的。

教學互動，是創造講師與學習者之間「雙向」的學習體驗，相對於過去講者單向講授知識，而學習者被動接收知識，如大多數的演講或課程；雙向讓講者與學習者有多次的互動，雙方更有彼此交流，進行對談討論，互相分享的機會。

也可以這麼說，**單向的演示重視個人魅力，雙向的課程更重視學習者的學習成效**。

學習的講堂場地通常是排排坐的設計，這就創造了以演講為主的基本形式，很多講師都是單向面對觀眾，因此個人魅力對於講師而言是非常重要的一件事。而我常常在課程主辦方口中聽到，他們最害怕學習者在課程結束之後只記得講師很幽默、很好笑，但是卻記不得課程中的重點。足見單向講授的講者口語表達能力一定要很強，卻不見得能夠達到主辦方更重視學習成效的目的。

此時，若能透過雙向的互動或體驗，過程中讓學習者起身動一動、說說話，或是聽聽學習者對課程活動設計的想法，以及從中體驗到的感受，是很重要的事。講者需要將主角交還給學習者，而不是只有講師自己是主角，這樣可以了解學習者是否有學習吸收，更可以創造學習體驗感。

還可以這麼說，**單向的聽講較重視知識量，雙向的教學內容更重視行為改變**。

太多單向的講者習慣以知識輾壓的方式來進行演講與課程，我們常聽到一句話，意思是在演講中只要記得一句對你有用的話，這場演講就值得了。但是轉換到真正的學習當中，不能只有滿滿的知識量，而是要將知識量與技巧量進行比例上的平衡調整。我聽到大部分的課程主辦方，基本上是這樣說的：「在課程中只要能夠讓學習者有一個行為上的改變，這個課程就成功了。」所以，此時透過設計有互動的學習體驗活動，將知識點轉換成技巧，至少讓學習者練習一次在課程中所講的方法，就能創造行為的改變。

知識是有用的，但是講者只是讓學習者坐在位置上聽課，這樣上課就不容易專心，尤其成年人在課堂上的專注力維持時間很短，如果講者無法讓知識教學變得更有趣，聽眾就很難對你的教學內容感興趣，那麼這些學習者就很難有所收穫。

因此。在職場中讓知識教學活化絕對是非常重要的一件事，唯有讓學習者從「感到有趣」到「感興趣」，「學習」這件事情才會發生。

教學互動的意義

常常有講師問我，我想講的內容很多，但是時間很短，所以光是要在時間內就講不完了，怎麼還會有時間互動？或許我們可以換個方向想，講師真的光是講完課程內容就可以達到學習目的嗎？就算都不互動，把所有課程時間拿來認真講課，學習者真的會學到比較多嗎？學習者下了課還會記住課程內容嗎？學習者知道怎麼運用這些知識內容嗎？

在職場上，大多數的上班族凡事以效率為導向，學習課程如果開始進行互動，便先入為主地覺得互動就是「玩」，認為玩和學習沒什麼關係，在課堂上玩就是浪費時間。

我自己在企業教課，其實運用很多互動技巧讓大家從玩中學，也發現這幾年非常多企業的內部講師需要「講師教學互動與活動設計」的訓練，除了演講技巧以及說故事技巧之外，在課堂中將互動與遊戲融入教學已經是未來的趨勢，不僅是我的課程，其他的各種課程上如果有互動，企業學員也會對該課程內容印象深刻。如果課程互動設計的好，不但可以讓學習者在課堂中非常投入，更能夠達到學習的目的，學習效果也非常好。

課程互動是手段，學習才是目的，互動設計得對，就會對學習有幫助，所以教學互動本質上可以兼具有趣又達到學習目的。而如果將課程互動視為一種遊戲，這種遊戲的設計和大多數非以學習為目的的遊戲本來就不同，在課堂上會出現的遊戲應該是以學習為目的，而玩遊戲不是單純好玩，這僅是為了達到學會知識與技能的手段之一。

課程互動並不會完全取代教學，千萬不要為了互動而互動，核心的教學內容才是重點，只為了讓學習者開心而沒有達到學習目的根本就是本末倒置。

所以，回到教學目的，如果同樣一段時間，選擇運用課程互動的效果高於單純講課，那就不會有「時間內都講不完了，怎麼還會有時間互動？」的問題。

18 如何將互動融入教學？

有一次我在教邏輯思考的課程，其中有九個邏輯應用技巧叫做「邏輯九式」。一開始我用講授的方法，沒有與任何人互動，大約花了十五分鐘終於講完，學習者都反應太難懂了，一個方法也記不得。

後來我只好改個方式，先在簡報上放一段文字，告訴學習者這是公司準備要宣布的公告，我請大家試著改成更符合邏輯的公告內容。五分鐘後大家紛紛改完，我再根據大家更改後的版本，結合我要教學的邏輯九式同時進行說明，說明這樣改是屬於哪一種邏輯，那樣改又是屬於哪一種邏輯，大約花了十分鐘就講解完畢，學習者陸續向我反應——這樣的講法簡單多了。

同樣是十五分鐘，效果卻完全不同。而到底要如何開始將互動融入教學？我想提供四大方向。

設計要輕薄短小

教學互動可以設計得很複雜、很龐大、很完整，但是這需要投入大量的時間，一般職場工作者通常有專職的工作，只因為對分享與教學有熱忱而擔任業餘講師，無法如專業課程設計者有大量的時間可以進行設計。因此教學互動的設計只要把握「簡單」的原則，教學中隨時可以調整與結束，這樣就不用花太多時間設計，也可以達到教學目的。

課堂時間寶貴，在課堂上不管做什麼互動，講師都應該以「達到學習目標」為第一考量，如果某一段知識點用互動的方法能夠讓學習者最容易學會，就要設計互動，反之，如果用講授的方法能夠讓學習者最容易學會，就直接用講的，不需設計互動。

要持續不斷練習

對很多習慣以簡報投影片講課的講者來說，「互動」是比較大的教學方式改變，所以需要練習，第一次進行互動的橋段一定會卡卡的，這很正常，你看到別人的教學互動很順暢也很成功，都是經過一次又一次地嘗試，找到錯誤後更是又是經過許多次修正。十分鐘的互動看起來好像沒什麼困難，時間也很快就過了，但是「表面上看起來很順」的結果和有效的教學互動背後，都是不簡單的設計與練習

當我們進行教學互動時，不僅要學會自我觀察，也要觀察學習者在每一個當下的反應。找出自己是做了什麼事才導致學習者產生這個反應，是因為互動指令不清楚嗎？是因為互動步驟太複雜嗎？慢慢地自我觀察進而去找出

自己做得好或做不好的原因。

如何讓學習者從不會到理解，再從理解到應用，需要不同的教學互動技巧進行搭配，有時是讓學習者玩個遊戲，有時需要做個測驗，有時甚至需要實作一個作品，有時則是需要角色扮演。關鍵在於每一次要設計互動都需要思考是否能一步一步達到學習目的？能不能加深學習者的印象？能不能讓學習更有效率？能不能讓學習者知道如何應用？甚至能不能讓學習者現場學會？這些都需要持續不斷練習。

觀察強者的教學互動技巧

身為講師，如何讓自己的教學技巧不斷進步？有一個非常有用的方法，就是多觀摩別人上課的互動技巧。從現在開始，只要進到任何一個學習的場域，我們要開始觀摩別人，而且不能只站在學習者的角色，更要開始去思考某位講師在上課的時候是怎麼樣上課？運用什麼教學方法？觀摩別人教課，以後設計教學互動的時候會更有體會。

如何觀摩別人上課的方法呢？你可以參考這幾個非常重要的觀察技巧。

一、觀察其它講師怎麼開場

每一位老師的開場不一樣，有人用笑話開場，有人用故事開場，有人做遊戲開場。不管怎麼樣的開場，當你進到一個教室的時候，你要有意識地觀察，講師的開場是怎麼執行的。

二、講師第一次讓台下的學習者笑出來是什麼時候，是什麼原因

是因為講師說了一個笑話嗎？還是講師走到學習者的旁邊做了一個簡單的互動呢？第一次全場發笑又是什麼時候，這個時機點也非常重要。

三、觀察學習者什麼時候開始想睡覺，是什麼原因

舉例來說，可能是講師講了一段長達十分鐘的話，所以學習者就開始分神想睡覺了。我們知道其實一個人專注力有限，根據統計，八分鐘是專注力的極限，這還是在沒有手機的時候，因此注意學習者大概多久會想睡，也是很重要的觀察，這時候我們可以提醒自己，以後講任何一個理論盡量不要超過專注力的極限。

四、觀察講師怎麼讓學員開口說第一次話

大部分的課程都是講師在說話，然而我們一旦要開始有教學互動，就是要能夠多讓學習者說話，例如分享他的心情、感覺、體驗等，類似這樣子的方式讓學習者開口表達。講師是什麼時候開始拋出問答，以及怎麼樣可以引導學員習者說出想法，這項觀察也很重要。

五、觀察講師運用了哪些運課手法

運課手法是指講師怎麼操作這個課程，多久換一次運課手法。例如講師可能開場時講了一個笑話，後來講解了某個理論，我便會觀察這個笑話講了多久，又講了多久理論。再來講師多半會舉一些案例，例如講述某一位成功人士是怎麼樣達成夢想，這時我們開始要去思考為什麼要舉這個案例？如果是我來講這個案例的話，我怎麼樣可以說得更好？這些運課的手法細節都很值得觀察。

六、觀察講師如何問問題

「問問題」在課程當中也非常重要，講師問了什麼問題讓學習者願意反應、回答；又問了什麼問題讓大家都不曉得怎麼回答。如何提問、引導這教學內容，也是觀察的一環。

七、觀察課程如何結尾

所有教學的結尾都是非常關鍵的部分，它會讓學員留下印象，所以結尾也是很重要的觀察重點。

設計教學互動的方法

教學場合非常多元化，在職場中如何將互動融入教學呢？以下這些方法可以運用在課程、演講、讀書會、論壇、工作坊等職場相關的場合。

職場上的教學場合多半會採取以簡報為主的講授方式，知識含量也比較多。線上課程或遠端教學也常用簡報投影片進行講授，如果需要設計互動，不妨運用知識本身來進行互動，也就是「知識型互動」（見第一四三頁）。

若教學內容比較枯燥乏味，也可以設計成「遊戲型互動」（見第一五六頁），玩個小遊戲讓教學更輕鬆有趣，特別適合用在大家想睡覺的時候，或是課程開場需要破冰的時候。

而若教學內容無法運用單向講授的方法讓學習者感受深刻，就可以設計成「體驗型互動」（見第一六九頁），通常在實體課程中操作更具效果。

更進階的「實作型互動」是指需要實作的知識教學內容，包含練習、教導、工作坊等，也能達到遠超過講授的效果（見第一七六頁）。

每一種教學互動的方法都有相對的優點與限制，比較好的做法是先選出單純、好操作的小型互動來練習，體會效果如何，再來慢慢嘗試各種教學互動法，並找出最適合自己的方法，甚至有自己的心得與發現。

教學互動的方法其實只要了解核心概念，運用幾個基本款加以變化就很夠用，進而從熟練到內化成自己的風格。對的互動技巧用在對的教學時機，比用得多更重要。

19 最容易進行的知識型互動

如果你接到邀請，即將要進行一場課程或分享，但是你面臨這幾種情況，該怎麼辦？

第一，課程或分享是以「線上」方式來進行，只能透過簡報來進行講授。

第二，沒有時間設計遊戲活動，但是還是想要做一點互動。

第三，不知道怎麼設計互動橋段？

第四，課程現場限制多，沒有辦法進行互動或玩遊戲，怎麼辦？

這時候，知識型互動就能立即派上用場，同時也是想要學習互動設計的講師最簡單的入門方法。運用知識內容本身來進行互動，不需要額外增加教材道具，也沒有場地限制，特別適用在任何以簡報為主要進行方式的課程中。例如實體課程是採取單向講授搭配投影片的方式，知識量也比較多，就可以改變或適時穿插知識型互動。

另外，線上課程或是遠端教學也多是以投影片為主要講授方式，如果需要進行互動，也可以運用簡單的知識型互動。

如何準備知識型互動？有四個非常重要的觀念。

一、輔助性：不要改變你「教什麼」，而是增進你「如何教」

將課程知識互動化，是為了讓學習產生樂趣；而改進教學與學習行為，你的互動重點在於達到學習的目的。這是非常重要的根基，互動不是只有玩，更不是為了互動而互動，而是要結合學習的目的才有其意義。

二、教育性：設計具有教育意義的互動

具有教育意義的遊戲可以讓老師跟學生一起在課程中互動，藉由互動的規則，學習者可以透過累計積分、升級的方式致力於學習，並且獲得知識。課程互動的目的是「學習」，所以是玩中學，而不是只有玩遊戲，所以你要去思考這個遊戲如何跟學習結合在一起。

三、銜接性：設計不須任何平台就可即時互動的互動

很多教育型的平台會支持追蹤每一位學習者對於每一個題目的作答紀錄，更進行後續的量化分析，甚至追蹤班級狀態作為批改成績的依據。這需要系統或平台的支援。但若不是專業的講師，我們可以學習的是「不需要任何平台就可以設計的教學互動技巧」，這等於是可以帶著走的互動設計能力。

四、即時性：每段知識點之前或之後互動

可以在知識點之前或之後發出問題或任務挑戰，要求學習者解答或解決，這是很好的互動機會，不僅能即時收集學習者答案，也能快速了解教學現況。

如果是在知識點之前互動，可以設計成「預習」的遊戲。先讓學習者猜猜看，進行預備或暖身再來學習。

如果是在知識點之後互動，可以設計成「複習」的遊戲。先學習，再來加深記憶。

最基本、最常見的知識型互動機制有兩大類，分別是「任務」與「得分」，任務的互動機制是提供任務給學習者做，例如順序組合、開放式提問、選擇題、連續測驗題、填空題等五種技巧；得分的互動機制則是統計分數，包含關卡、積分點數、獎勵等三個技巧。

這八個知識型互動的技巧已經可以涵蓋百分之八十的知識型互動設計，也可以交叉運用在知識內容教學上，我們要如何搭配運用呢？

順序組合

「順序組合」代表重組順序，把正確答案打亂，然後讓學習者重組。這是教學中非常簡單又常用的一個小互動，適用在希望學習者能記住執行的步驟順序。

講師可以如何運用？

講師可以在知識講解開始前詢問學習者：「請大家猜猜看，哪一個解決問題的步驟是正確的？」請學習者進行推測思考。

A選項：原因→現狀→執行→方法

B選項：現狀→原因→方法→執行

C選項：方法→執行→現狀→原因

開放式提問

開放式提問沒有標準答案，能夠讓學習者自由發揮，分享經驗或看法。這個是教學中非常容易用上的互動方式，如果希望學習者不要受限地進行思考的話，可以多多運用。

講師可以如何運用？

講師可以在知識講解開始前詢問學習者：「問大家一個簡單的問題，大家認為解決問題需要什麼樣的能力呢？」讓學習者能夠分享自己的想法或經驗。

選擇題

讓學習者做選擇，是希望學習者記住重要的知識點。互動時，可以請學習者和鄰座的人搭配討論。

而除了提供三到五個選項的選擇題型，也可以運用「連連看」的題型，將答案設計成左右配對，增添互動的變化性。

講師可以如何運用？

講師可以在講解完某一知識段落後，再提點學習者：「請大家回想一下，我們剛才教的某技巧工具是搭配在哪一個步驟最好用？請大家選擇，是搭配在A步驟、B步驟、C步驟，還是D步驟呢？」

填空題

「填空題」就是把課程內容中的重點挖空留白，讓學習者猜測留白的內容是什麼。這個互動方式同樣可以讓學習者記住重要的知識點，尤其適合用於講解圖表、數據類型的資訊之前。

講師可以如何運用？

講師在講解知識內容前先設計一頁投影片，將關鍵資訊挖空留白，並且說明：「接下來請各位猜猜看，如果氣溫二十到二十五度，每增加一度，便利超商涼麵的銷售會增加百分之多少？又如果超過二十五度之後，每增加一度，涼麵的銷售又會增加多少呢？請各位猜猜看這張投影片上的數字是多少呢？」

連續測驗題

運用連續性的問題來累積答案，後續可以藉此進行整體的評估，讓學習者得知自己對於該主題熟悉或了解的程度。

講師可以如何運用？

講師在講解知識內容之前，先詢問學習者：「請大家讀完每一個問題之後，直覺地選出自己的答案。」並公布以下題目。

・第一題：認為錢放銀行最好，因為投資可能會賠錢

（請選擇A「對」／B「錯」）

・第二題：常常花很多錢買彩券，夢想中了頭獎後可以環遊世界。

（請選擇A對／B錯）

・第三題：你花多少時間學習投資理財？

（請選擇A「沒時間學」／B「固定會花時間學」）

完成數題後，講師可以公布設定的級距，例如以下：

·三題都選B：你已經具備「有錢腦」。

·有兩題選B：想要更有錢，但是常常留不住錢。

·只有一題選B：幾乎沒有金錢概念，要從此開始打造「有錢腦」。

關卡

「關卡」是什麼意思呢？我們通常會將知識教學設計成一關一關的關卡，讓學習者可以累積不同關卡的經驗值而統合所學的知識。若是一個小時的課程裡面，大約安排兩個到五個關卡互動，都是適中的數量。

關卡的命名也很重要，除了第一關、第二關、第三關這類的名稱，我們還能夠試著賦予每個關卡意義，例如進入邏輯關卡，就是學習邏輯；進入創意關卡，便進行創意發想。讓每一關都有不同的主題與意義，進而幫助學習者統合不同領域的知識內容。

講師可以如何運用？

針對業務相關的知識內容分享，本意為講解業務工作需具備不同面向的技巧。講師可以在進入正題前先告訴學習者：「我們要來進行一項任務，叫做業績大挑戰。待會兒將有五個關卡，每一個關卡都會有分數，各位盡力挑戰，看看自己最後能夠得到幾分喔！」

積分點數

安排好知識型互動後，可以利用累積積分或點數的方式來增進學習動機，得分的關鍵可從速度與正確性等兩種面向來思考，例如回答最快的可以得一分，回答正確也可以得一分。這樣一來，速度慢一點但正確可以得到基本分，而又快又正確更可以得高分，提高了挑戰性。

講師可以如何運用？

搭配知識型互動，講師可以這樣說明互動規則：「我們公布答案，這一題的答案是B，所以如果你是答B的得兩分，其他答案得一分。」

獎勵

若安排挑戰性較高的互動，建議搭配獎勵，也就是最快完成挑戰或者是最高分者能得到專屬榮譽或是有意義的禮物。

也可以在關卡中設計階段性的獎勵辦法，例如每一關有不同的徽章，鼓勵學習者盡力凸顯自身優勢，也是一種引導的方法。

講師可以如何運用？

講師可以在知識內容講授結束時，透過表揚給予學習者鼓勵，例如：

「最後，恭喜最高分的同學，你是最佳業績王！」

這八個即是我最常用的知識型互動技巧，因為完全不需要額外增加教材道具，更沒有場地限制，所以在每一場演講或是課程，即使是線上課程或遠距教學，我都一定會至少使用二至三個技巧，真的特別有效果。若你也是沒時間設計遊戲的職場教學者，也可以多加運用。

20 遊戲，拉近講者與聽者的距離

小勇因為業績好，所以公司希望他擔任內部講師，教導新進業務同仁，自從小勇參加了我的講師訓練課程後，改變了一些教學技巧，他發現業務同仁在課堂中都變得比較有笑容，這讓小勇很成就感，也開始喜歡講課。我進一步問小勇做了哪些教學上的改變，小勇告訴我，是教學遊戲技巧讓師生之間的距離拉近了許多。

在課堂上設計互動的小遊戲，有三個好處。

第一，能夠提高學習者的自主學習意願以及學習的興趣，使他們變成課堂的主體，同時有利於培養學生的合作精神。

第二，提高課程節奏，增加緊湊感，讓學習氣氛不再死氣沉沉。

第三，如果遊戲能夠和課程內容相結合，可以更容易達到學習目的。

一般人或許認為設計遊戲可能很困難，但其實遊戲愈簡單，教具愈單純，反而能應用的層面越廣。如何設計教學互動的小遊戲，要怎麼開始？我以自身的教學經驗，建議講師可以這麼做。

一、從最簡單的遊戲開始

不需要設計太複雜的遊戲規則，在課堂上的學習者如果聽到複雜的遊戲規則，通常就失去耐心了，就算講師講解好幾次，學習者也搞不懂遊戲規則，無法體會該遊戲的用意與樂趣。

我的經驗是，大家都有共同經驗的遊戲即是最好的遊戲規則設計，例如當你說出「三點連成一線就贏了」的規則，是不是比「如果A大於B，B大於C就贏了」的規則還要簡單易懂？

二、從短時間的遊戲開始

先從只需三分鐘時間的小遊戲開始，例如「報數後數到五的人代表小組上台抽題目卡」或「最快回答正確答案的小組得分」，並從中觀察學習者的反應，確認學習者是否聽懂、是否投入。當學習者能夠掌握遊戲型的互動之後，就可以慢慢加長時間，以及加上其他規則。

三、清楚明確的遊戲目標

設計遊戲的目的，是講授知識內容之前先讓大家猜猜看，為了事先了解學習者的程度在哪裡？或是在講授完知識內容後，讓學習者回答正確答案以確認學習的效用？遊戲很容易流於「好玩」，唯有目標明確，遊戲才有學習上的意義。

多數人都有遊戲的經驗，對於經典的遊戲規則不太需要過多的講解，因此如果可以將經典的遊戲運用在教學上，便能為知識教學增添變化。我自己最常用的經典小遊戲總共有九個，以下是我的運用方式。

拼圖

拼圖是很多人都曾經玩過的遊戲，所以用拼圖來設計教學遊戲，大多數人一定很熟悉，遊戲規則也簡單上手，是一個很容易理解的教學互動，非常適合用在希望學習者能了解知識內容的全貌。

講師可以如何運用？

講師把關鍵字或細節分別寫在一張一張小卡片上，每張紙寫一個關鍵字，讓學習者拼成完整的一個系統。

例如專案管理流程分成五大階段，每個階段底下又有超過二十個步驟，這個時候就可以把步驟一一寫在小卡片上，每張卡片僅寫一個步驟，讓學習者練習拼成一個完整的專案管理流程，甚至也可以設計成最快拼好的小組者贏得比賽。

大隊接力

大隊接力是很多人都曾經參加過的運動，所以用大隊接力來設計教學遊戲，大多數人一定很熟悉，遊戲規則更是幾乎不用解釋，是一個很棒的教學互動，非常適合用在加深某些知識內容的印象。

講師可以如何運用？

講師放完一段影片之後，讓學習這分享看到了影片中的哪個片段印象深刻，可以讓學習者自由舉手，或是輪流接力。當第一個人說出一個答案，第二個人必須說出另一個不能重複的答案，在規定時間（例如三秒鐘）內說不出，就跳過換下一位同學或下一組，這樣的大隊接力活動，可以讓教學過程更有節奏，同時也刺激學習者思考。

跳房子

在地板上的跳房子是很多人都曾經玩過的遊戲，每得一分就可以前進一格，所以運用跳房子來設計教學遊戲，規則很直覺，便是一個很有效的教學互動。同樣適合用在加深某些知識內容的印象。

講師可以如何運用？

如何以一分鐘介紹產品，分成三句話，可以在教室地板畫三個圈（或是放三塊地板巧拼、等距放三張椅子排成一條線等），讓學員練習每跳一步就說一句話，讓身體邊活動邊記憶，也做到練習，哪個小組最快完成進行加分。

抽籤

抽籤是在一推亂數中隨機抽取，運用未知的結果以及莫名的期待心理。在教學中使用很容易炒熱氣氛，也可以設計多元的抽籤方式。

講師可以如何運用？

籤筒是最常見的運用，若要加入變化，可以準備兩個籤筒，在兩個籤筒各抽一支籤，做出變化組合。好比第一支籤是組別，第二支籤是學習者的編號，抽出二、五，就念出：「讓我們歡迎第二組第五位和我們分享一下。」通常都會引發一陣笑聲，氣氛也比較輕鬆。

若用擲骰子也可以，例如擲出二，就念出：「讓我們歡迎每一組的第二位代表小組分享結論。」可以讓多人一起表現學習成果。

也可以發給每個學習者一張紙，請大家寫下自己的姓名和一個不為人知的小祕密，再收回給講師。在教學中要找人分享的時候，講師隨機抽取其中一張，念出：「讓我們歡迎小時候作文被刊登在國語日報的曾美麗同學。」，通常大家都會一陣驚訝，也創造了笑點與互動，增進學習者之間的樂趣。

配對

配對是很多人在撲克牌遊戲中曾經玩過的遊戲機制，利用文字、圖片、聲音等等比對，兩兩配對完整就算成功，是一個很棒的互動方式，非常適合用在加深某些配對組合的印象，或是增進學習者之間一對一的互動。

講師可以如何運用？

製作數十張配對卡，其中「提問A」與「回答A」是配對的，將卡片分發給每一位學習者，並請每一位學習者走動去找到自己的配對，最快配對成功的可獲得分數。

同樣使用配對卡，兩張翻開相同就可以成對拿掉以及得分。也可以分組讓各組代表者到台前比賽，考驗學習者的記憶力與配對速度，讓學習者加深對知識內容的印象，也增加節奏感和挑戰性。

找相同

在一堆資料中，讓大家找出哪幾個項目是同一種資料類別，是一種考驗學習者記憶力的遊戲，透過複習確認學習者是否吸收，以及加深對知識內容的印象。

講師在投影片列出5G通訊網路產業鏈，包含光通訊設備、網路IC晶片、網路設備、微處理器、無線通訊設備、衛星定位與感測器晶片、有線通訊設備、記憶體、主動元件、被動元件、電信服務業、印刷電路板、散熱片與天線、塑膠機殼、金屬機殼等。並請學習者找出哪些同樣是上游供應商、哪些同樣是下游供應商。可以確認學習者是否正確掌握這些知識內容。

找不同

「找相同」的相反即是「找不同」，這也像綜藝節目「大家來找碴」一般。可以使用左右兩張圖片，請學習者找出哪裡不一樣，大多數人都會睜開眼睛仔細找，這考驗學習者的觀察力與速度，若希望學習者能對知識內容進行討論與分析，可以多加利用這個方法達到教學目的。

講師可以如何運用？

講師給兩張很類似的照片或案例，例如不同客戶對於某個需求的回答。請學習者說出兩種回答的不同之處，以及分析客戶現在心裡在想什麼，進而比較這兩者的個案經驗有什麼不同。

大風吹

大風吹是很多人在社團活動中都曾經玩過的遊戲機制，所以用大風吹來設計教學遊戲可以喚起熟悉感，遊戲規則更能夠千變萬化，是一個很容易應用的教學互動，非常適合用於需要帶起氣氛，或過渡到下一個教學段落時。

講師可以如何運用？

講師需要請學習者變換位置、重新就坐時，可以按照生日順序、家裡距離遠近、姓名筆畫數，甚至起床時間排序重新就座，讓原本互不相識的學習者之間可以有個話題，迅速認識彼此，並立刻炒熱氣氛。

或是在活動進行時，選每一桌其中一位學習成員，大風吹到下一桌當裁判，依此類推。進行活動的時候請裁判檢查是否可以加分或減分，這樣等於每一桌內都有一位其他桌別來的人，在模擬團隊中可以創造輕鬆又特別的氣氛。

表演

讓學習者上台表演一段跟教學內容相關的情境，是一個很有記憶點的教學互動，非常適合用在需加深學習者對實際情境印象的場合上。

講師可以如何運用？

在客戶服務的教學中，有一個情境是客戶打電話來抱怨收到產品後發現品質不好。講師以這個情境為題目，要求學習者分組思考如何幫助客戶解決問題，並以情境劇演出客戶打電話來到解決問題的過程。

我平時就很喜歡觀察別人如何玩遊戲，也很喜歡自小孩玩遊戲的過程中思考該遊戲能否運用於教學。這些就是我自己最常用的經典教學互動遊戲，可以搭配知識教學課程使用，一堂課中可以搭配好幾種玩法輪流進行，或者以這九個經典小遊戲為基礎，加上你自行發揮的創意，絕對能開發出更多好用的教學遊戲。

21 如何創造體驗式的知識教學？

我的朋友曾參加過一門課程，他和五十多位學習者一起走進一個充滿氣球的教室。講師給每人一個氣球，要求大家在氣球上用筆寫上自己的名字，接著將氣球收集起來，放到另外一間教室裡。

接著，學習者們一起被帶到另外一間教室，講師要每個人在五分鐘內分別找到寫著自己名字的氣球，每個人都瘋狂地找尋自己的名字，現場一片混亂，五分鐘過去了，幾乎沒有人能夠在規定時間內找到自己的氣球。

這個時候講師喊停，要求大家隨便找個氣球，然後把氣球交給上面有名字的人。不到三分鐘，大家都接到了寫有自己名字的氣球。講師這才講出：

「這就是我們的人生，每個人都瘋狂地尋找自己想要的東西，但是都得不到。如果我們每個人都能給予他人想要的，你就會得到你想要的。」我的朋友覺得這一段體驗讓他感受非常深刻，一週後都還記憶猶新，甚至開始更願意幫助他人。

這樣的課程體驗給了像我一般的教學者一個啟發，並不是把道理講出來，對方就能學到或感受到，而是需要透過體驗式的設計才讓對方自己感受到，而通常自己充分感受到了，才能夠真正產生自我改變。

這就是「體驗型互動」，講師在課程中設計了一個教學互動，讓大家自己感受，產生深刻的印象，就達到了教學的目的。

如何設計「體驗型互動」？我以自身教學經驗，建議你這麼做。

一、從生活中發生的事開始思考

在生活中有許多具重複性的例行動作，從這些小事開始思考是最好的方法。例如每天都會摺衣服、常常和小孩玩傳接球、比賽時和同隊球員打暗號、固定跳繩當作運動等，這些都是日常生活當中的行為，我們可以從中思考如何與我們的教學目的結合。

例如如何將衣服摺得又快又整齊，能不能應用在工作效率相關課程上？傳接球的技巧能不能用於管理策略相關課程或團隊合作相關課程？打暗號的策略能不能和溝通相關課程連結？甚至是跳繩能否應用在改變自我的相關課程？平時我們對生活體驗的感受有多深刻，我們所設計出來的教學體驗就有多深刻。

二、從觀摩他人的體驗開始

不是專業課程設計者很難從零開始設計體驗式互動，最好的入門就是先觀摩別人，再思考如何簡化或改編。例如前述「在氣球上用筆寫上自己的名字」的課程體驗，談的是幫助他人的道理。可是我的課程不是這個主題，我要教的是客戶服務的課程，那麼我就改成「利用每個人的姓名桌牌，請學習者寫上自己的江湖稱號」，從這裡開始思考如何運用在適合客戶服務的課程主題，談的是幫助客戶的技巧。

三、清楚明確的教學目標

通常體驗型互動占用課程時間會比較長，所以教學目的就更重要了。如果玩完一個長達三十分鐘的體驗型互動後，學習者感受不到原本教學者的期待，這三十分鐘就形同浪費。只有目標明確，體驗才有學習上的意義。

從日常行為開始設計體驗是最好的方法，有不少經典好玩的體驗可以運用在教學上，結合自己的教學經驗或課堂上的實際需求，馬上就可以設計出獨樹一格的課程。我自己最常用也最喜歡用的經典體驗總共有兩個，從這兩種體驗延伸變化，絕對可以產生各式各樣的互動體驗，讓你的知識教學不再枯燥乏味。

傳接球

傳接球是很多人都曾經玩過的活動，將之用來設計教學體驗，多數人一定能很快上手。你也可以換成摺紙、摺衣服、翻硬幣等等日常活動，有非常多種變化。

講師可以如何運用？

為了讓學習者體會提高效率，講師可以準備一顆球，然後要求每個人自我介紹，並指定下一個人選，將球傳給他；下一個人接到球後便需要自我介紹。不但可以快速記住學習者之間的名字，而且也能體驗到提高效率的目的。

報數

報數是每個人都做過的行為，所以用報數來設計教學體驗也相當簡易，非常適合用在不需額外準備教具的知識教學中。

講師可以如何運用？

講師要求學習者輪流報數，只要報到尾數七，就必須改成拍手而不能發出任何聲音，只要失誤就必須重來。

這項活動可以讓全體成員一起參與，也可以改成小組競賽。記錄學習者完成的最大數字，並在體驗完畢後討論過程中發生了什麼事？如何可以不失誤？如何達到更高目標？通常可以讓參與者體會團隊合作的困難，進而討論如何團隊合作最有效率。

這是我自己最常用上的兩種體驗型互動，可以搭配多數的職場課程，而且幾乎不用額外準備道具，你也可以從最簡單的開始，逐步練習應用，甚至開發出更多好用的體驗型互動。

22 實作課程如何創造互動？

如果要準備一場實作課程，你有什麼想法呢？

實作課程聽起來十分困難，但簡單來說也可以分為三種類型，一是**練習型互動**，例如反思工作當中常犯哪些錯誤，並透過練習來改善，實作之外並有具體產出。

二是**教導型互動**，手把手地教導正確方法，例如指導者泡一次咖啡，也讓學習者來練習泡一次咖啡。

還有一種是**工作坊型互動**，針對議題進行討論，透過工作坊的方式凝聚團隊共識並執行專案，產生具體、有共識的結果。

這類的「實作」該如何設計教學互動呢？我以自身教學經驗，建議你可以這麼做。

一、從常犯錯的事開始思考

工作中會有很多一再重複的流程，從這些流程中常犯的錯誤開始思考是最好的方法。例如常常開會開很久、向主管報告時講不清楚重點，做新產品企劃很難找出清楚的市場定位等等常見的難題與誤區。

我們可以從這些難題與誤區發想如何設計教學應用，例如開會耗費很多時間，能否設計出提升工作效率相關課程？常常需要報告，能否設計出向上報告的流程？要找出清楚的市場定位，能否設計出產品企劃的演練課？平時我們對工作當中常犯的錯誤感受有多深，我們所設計出來的教學實作活動就有多實用。

二、定義清楚明確的教學目標

實作所需的時間會比較長，所以教學目的就更重要了。實作教學最重要的目標是產出成果，如果沒有實質的產出，就可能會浪費了實作的時間。唯有產出具體的成果，實作才有教學上的意義。

三、從成果導向的小型實作開始設計

從工作中常犯的錯誤開始設計實作是最好的方法，實作需要搭配講解，還需要有具體產出，我自己最常運用的是三種成果導向的小型實作，讓課程不再只有理論，也能在一堂課的時間內感受到學習成果。

練習型互動

練習型互動，顧名思義就是透過練習來實作，多練習才能熟悉理論，若能在課程現場用練習來設計教學互動，學習者不僅能很快學會應用，並且可以明顯感受到自己的進步。

講師可以如何運用？

講師請學習者描述執行專案時常遇到什麼問題，大部分學習者會說出「專案延期」、「超過預算」、「部門人手不夠」、「產線效率不好」等等描述。

此時講師進行講解，說明解決問題前要先學會把問題「說清楚」，並帶到「問題描述法」，並讓大家練習。經過練習之後，再比較練習前後的描述的內容，大家看到成果後也覺得自己進步了，以後便知道該如何描述問題。

教導型互動

教導型互動是在工作上透過教導進行實作的過程，尤其常見於對新進員工的指導，又可稱為「工作教導」，簡稱為ＯＪＴ（On the Job Training）。

在職場上打拚努力的過程中，每個人都受到許多前輩有形或無形的幫助，才得以脫胎換骨、發揮專長。當經驗與技術成長到某個階段，我們就可能會成為新人的前輩，這是一個被主管看見、被信任並往上一層的好機會。

講師如何準備呢？

一、將經驗轉化為具體指令

身為講師要將過去經驗轉換為標準化的工作教導培訓內容，讓所有流程清晰以及具體，再由簡單到困難循序漸進。例如參加駕訓班學習的時候，不管是倒車入庫或是路邊停車，坐在旁邊的教練都不會只向新手駕駛人下達

「方向盤左邊一點再右邊一點」的模糊指令，而是會說出「看到指標蓋住柱子，方向盤右轉一圈半，看到與箭頭平行，方向盤左轉一圈半」的具體指令。

二、先見林再見樹

專業職場的工作內容往往很複雜，一時之間說不清楚，所以很多人會有不知從何教起的問題。我建議至少要把握一個原則，就是「先見林再見樹」——先講整體，再講細節。千萬不要一下講東，一下講西，對方往往因為沒有建立起整體邏輯，因此聽不明白。

在向新人說明之前，應該先把整個工作內容進行整理與歸納，分成三至五個大類。讓新人大致了解後，才開始針對每一大類分段進行細部說明，進而讓新人實際操作一次。例如，你可以說：「我們公司的出貨流程主要分成四個階段，一是出貨計畫，二是出貨生產，三是出貨檢驗，四是出貨配送。我今天先帶你熟悉出貨計畫的流程。」

三、判斷學習成效

要知道新人學習了多少，還是需要設定幾個關鍵指標。有幾種方式可以幫助你判斷，如口頭問答、筆試、親自驗收、執行追蹤等。

講師可以如何運用？

教導新進員工時，你可以進行這五項步驟的教導實作。

第一步：我說給你聽

這個階段主要目的是讓新人了解工作主題與重要性，除了整體概念與流程說明外，遇到專業術語、關鍵流程名稱或重要觀念，都必須要求新人寫下來，透過抄寫加強印象。

要讓新進員工一下子記住所有瑣碎的事情是強人所難，因此要按照輕重緩急的順序，從最簡單的開始說起，確認新人了解一般狀況後，再說明複雜或例外的工作內容，若能在說的同時讓新人產生學習興趣則更好。

第二步：我做給你看

這個階段主要目的是實際示範每個步驟與動作，教導的過程中不要忘了三個原則。

1 將每個大步驟拆解成容易學習的小步驟

2 特別需要注意的步驟要多做幾次或慢一點

3 容易出錯的步驟要求新人記下來

第三步：讓你做做看

這個階段主要目的是實際讓新人自己做做看。操作是一件非常重要的事，如果只是讓新人用耳朵聽，用眼睛看，將很難進入工作狀態。

最快速的方法就是放手讓新人實際操作。從演練的過程當中，驗收前兩個階段的理解與吸收程度，焦點放在重要觀念、重要步驟與容易出錯步驟等三個地方。

第四步：多點鼓勵、多點耐心

新人由於是第一次實作，無法像你一樣熟練，也可能會出錯，請保持耐心。其實新人心裡感覺不安的程度，遠遠超過你的想像。因此適時地表現出對他們的關心，可以建立較深的工作感情。例如上班時間招呼，工作上不要吝嗇給予鼓勵，當在新人有事找你商量時，態度可親切些，這些多少都會減輕新進人員的不安。

第五步：指正與協助

指正新人，建議用「三明治回饋法」，也就是指正回饋時，像三明治一樣分三個層次。

1先說優點，例如：「你做得不錯。」

2再指出缺點，例如：「可是在第二部分有點問題……」

3最後提供正面建議，例如：「我建議你……」

工作坊

在企業內部進行跨部門溝通有好幾種方式，最常見的是開會，而大多數的會議多半是強制參加，按照既定議程進行，在會議中除非主管要求每人輪流報告，不然主動發言的人基本上不多，導致成員的積極參與性往往很低，而且被動地被分派工作，所以大多數的會議都成效不彰，無形中浪費企業許多資源與成本。身為主管或是專案負責人，應該針對關鍵議題，開始學習用工作坊（Workshop）的方式建立團隊共識與解決問題。

工作坊，是讓一個團體透過共同目標或焦點問題，以互動性討論的方式進行多元思考，達成共識與產生結果，以解決問題或創造新想法的活動。工作坊型態的討論，是為了有效形成團隊共識，多半能激發豐富多元的討論，而最後的討論結果也極為豐碩，所以任何團隊都可透過這個方法對任何主題達成適當的共識與展現。身為工作坊的講師，更可以快速在企業內部建立領導力，讓工作增加附加價值，是增加升遷與能見度最快的方式之一。

設計工作坊內容架構，共有這三個要訣，合稱「3A」。

一、**啟動**（**Alignment**）

啟動的目的是抓住成員的注意力，讓成員們提高討論意願。

二、**活動**（**Activities**）

活動是整場工作坊的主要內容，這個內容必須有嚴謹的架構，前後串聯，就如遊戲的關卡設計，講師必須帶領成員一步一步進入每一關，挑戰困難，目的是達成關卡中所指派的任務。

三、**行動**（**Action**）

最重要的目的是將工作坊的結論形成團體共識，再將共識轉化成行動，並定出行動計畫。

講師可以如何運用？

設計一週間的工作坊互動，你可以將你的團隊分組或以個人為單位，請成員們思考：「如果老闆給你十萬元基金去某個市場做開發，請問你要如何一個月內賺到錢？」

若是週一早上出題，可以規定週四晚上每個人必須寄出一張簡報，描述如何達成任務。週五早上進行討論，每人則有三分鐘時間向團隊說明自己的做法，鼓勵你的團隊充分發揮創業精神，挑戰假設，利用有限的資源以小搏大。

若是要鼓勵你的團隊產出新產品或是新流程的好點子，可以請團隊針對新產品或流程提出「最棒的構想」和「最爛的構想」，所謂最棒的構想，就是參與者認為這樣做能很漂亮地解決問題，最爛的構想則是沒有效、不賺錢或讓問題更加惡化的構想。

討論完畢後，每一參與者都需要把想法寫在兩張紙上，一張紙標示「最棒」，另一張紙標示「最爛」。主講者收回以後，將「最棒」的那張紙撕掉，然後將「最爛」構想的那張紙重新發給不同的參與者，現在每一個人手上都有一個別人覺得「最爛」的構想，必須設法把它改造成「最棒」的構想。請他們設法把這個「最爛」的構想改造成「最棒」的構想，甚至必須為這個構想設計主題名稱、口號和廣告，以激發團隊點子。

23 設計小型工作坊

在職場上，工作坊（Workshop）很常被運用在解決問題的場域，如果能運用在知識教學課程當中，是一舉兩得的結合。也就是能夠在知識教學中，一邊進行學習，同時還能夠解決職場中的問題。

工作坊通常是兩人以上的團體，在導引下完成某個共同的目標或任務，並且在過程中因共同任務而產生互動，集體執行。團隊成員之間必須願意互相傾聽、分享與貢獻，以及珍惜與重視自己與他人的意見，而主持人必須吸收成員間不同的觀點，進行整合，並且達到共識。

許多人很好奇，工作坊與會議到底有什麼不一樣？工作坊特別適合用在需要一起解決問題的場合，某個問題或許有時效性，必須短時間內解決，因此得集眾人之力共同腦力激盪，這樣進行工作坊才有意義。會議通常傾向於直接找答案，換言之若某件事已經有方向，只是需要收攏、引導與歸納，那麼或許可以透過會議來討論，而不需要進行工作坊。

工作坊的三階段思維

相較於會議形式的討論，工作坊傾向於運用三種思維來達成共識，分別是發散、收斂、決策這三階段。

第一階段：發散思維

發散思維就是「集思廣益」，是一種擴散狀態的思維模式，從一個目標或主題出發，沿著各種不同的途徑或面向進行思考，以探索出多種答案的思維。這是工作坊最重要的一種方法，鼓勵參與的成員透過從不同的方面去思考同一個問題，思考的角度就像拍廣角，愈廣愈好。

第二階段：收斂思維

收斂思維是「濃縮聚焦」，是一種集中狀態的思維模式，盡可能把眾多的可能性，彷彿收線頭般地逐步引導與歸納，最終聚焦到某一個方向的思考。這時候就必須像拍特寫，愈聚焦愈好。

第三階段：決策

決策是一個選擇方案的過程，是從幾種備選的行動方案中作出最終抉擇。為了讓工作坊的決策有效，必須要要先定義明確的目標，因為沒有明確的目標，決策將是盲目的。

接著，多數情況的決策必須要有兩個或兩個以上方案，才能從中進行比較與選擇。而決策後行動方案必須付諸實踐，否則大家對這次工作坊就會失去信心，下一次也就不會太認真。

工作坊的形式

常見的工作坊有兩種不同的形式，分別是問題型工作坊與創造型工作坊，我們可以根據目標不同，來決定要採取什麼樣的工作坊形式與流程。

一、問題型工作坊

問題型工作坊是透過團隊的力量找到問題的真因和解決方案，進行流程涵蓋**定義問題**、**探索真因**、**思考對策**及**決策擬定**等四步。

如何定義問題？可以採用說明現況，比較過去狀況並分析產生的影響的描述方式；也可以採取優先級評估表，利用「重要與緊急矩陣」分成四個象限，找出最需要解決的問題。

進入探索真因階段時，可以運用「五個為什麼」的連續問題，深入追蹤，找出問題背後的問題。或是運用「魚骨圖」的方法，先畫出魚頭代表某一特定結果或問題，再畫出大骨表示造成此結果的主要原因，再逐步展開中骨為次要原因，小骨為再次要原因。這個方法可以幫助參與成員釐清問題成因的「八十／二十原則」，進而找出真因。

來到思考對策階段時，可以運用小組腦力激盪，發展出各種想法。各小組將想法呈現在眾人面前，將相似意見分組，在對話過程中進行投票排序並產生共識，產出三至五個最終方案。

最後則是決策擬定階段，可以利用「方案評估矩陣」，將產出的方案進行評估項目與權重設計，在討論過程中進行評分，達成最後的共識決策。並將決策轉換成短中長期行動計畫，依階段將相關執行項目列出來，指定負責人、完成日期等具體執行方案。

問題型工作坊適合運用於？

1. 解決跨部門問題，例如：解決客訴問題
2. 改善流程，例如：改善客戶服務流程
3. 提升客戶關係，例如：讓客戶樂於主動留聯絡資料
4. 提升業績，例如：提升某服務的使用率／租用率／購買率

二、創造型工作坊

創造型工作坊是讓一個團體經由共同目標或焦點問題，以互動性討論的方式進行多元思考，以思考出新方法或新企畫的「頭腦風暴會議」方式。進行的流程大致不脫離發散、收斂、決策的三階段思維，但我們可以更活用之。

首先，工作坊的引導者可以設計規則，創造競賽氛圍。以小組競賽的方式進行，最好是將各部門打散分組，讓異質化點子更有品質，避免產出的方案以各部門利益為最大考慮。而簡單清楚的遊戲規則有助於所有成員理解與

支持，例如運用獎項設計來增加趣味感與參與感。

接著，必須進行成果報告與歸納收斂，完整呈現各組討論後的提案，引導者可以注意每一組是否掌握議題、有明確的方案、花費多少成本、帶來多少效益、與他人的方案有何不同等，讓創新具備可行性。

最後則是進行共同決策，讓所有成員參與評估，可透過方案評估表的項目與權重來計分，例如效益性、困難性、成本、風險性等，以得到最終決策。

而在進行討論或提問時，工作坊的引導者可以鼓勵成員多用肯定句加上補充說明，例如：「我覺得這個方法很容易執行，而且我覺得還可以加上某個設定……」或是運用假設句來進行建議，例如：「我覺得這個方法不是很好，如果換個角度做，會不會比較好？」等方式來進行討論，避免淪為互相指責。

透過創造型工作坊，可以化解創新會議的針鋒相對，讓團隊間彼此開誠布公地討論，收斂創新點子，達成共識並產出解決方案。

創造型工作坊適合運用於？

1 設計行銷活動，例如：新產品上市宣傳活動

2 新商品開發，例如：某項產品的新應用

3 新服務設計，例如：讓顧客有一場難忘的服務體驗

4 新事業發展，例如：開拓國際／歐美／亞洲市場

設計工作坊流程

如何設計工作坊流程？有四大步驟，口訣是「開一場玩笑」，這其實是指「開」場、「一」句話說明、「場」地與規則說明、讓團隊「玩」起來和「笑」出來。按照這四步驟便能設計一場工作坊，也可以只選擇使用其中的幾項，重點是達到目的就可以了。

一、「開」場

首先，我們需要確定已完成進場準備，包含當天會使用的道具，如名牌、教具、告示板、評分板等，在報到時提供準備好的教材（按照活動進行發派亦可）。讓學習者報到就位，主講的引導者可以自我介紹，或是歡迎最高主管，並宣布工作坊活動開始，讓與會者準備好參加工作坊的心態。

二、「一」句話說明

這一句話非常重要，必須切中參與者的心理，以及勾勒出完成工作坊對他們的好處，包含為什麼來到這裡，站在成員的角度說明目的，以及如何幫助大家與公司。

三、「場」地與規則說明

企業工作坊很可能會另找適合的場地來舉辦，事前說明規則，現場不可預期的狀況將會大大降低。活動前必須先和主辦單位討論確認，主辦方的支持與背書，將是工作坊的成功關鍵之一。

說明時可以口頭或藉由簡報來宣布，常見的行政規則包含茶水間、洗手間、吸菸區等場地介紹；手機靜音、外務干擾等行政規定；若有問題則可以找哪些工作人員協助；接下來會進型的競賽規則等。這些說明或許繁瑣，但對於辦理工作坊的引導者，是讓活動進行更順利的步驟。

四、讓團隊「玩」起來和「笑」出來

建立團隊的默契與提升參與感，重點是要讓參與者「玩」起來、「笑」出來，好比請所有成員取自己的江湖稱號，做互動性的自我介紹，可以在開場時迅速認識彼此，並炒熱氣氛。

也可以運用設計隊名、選小組長等活動，導引出團隊有共識的領導者。別花太多時間，可以請參與者在一分鐘內完成，或是請大家閉上眼睛指向自己心目中的小組長，都能拉近距離，產生樂趣。

想要特別不一樣，甚至還可以設計一段舒展操，讓頭腦與心情鬆綁，請高階主管上台帶頭做，帶來意想不到的歡樂。

這些是在企業中實施工作坊，最簡便也最有效的實務活動，可以視團隊氣氛自行變化運用。當然還有更多有效益又好玩的方法，就待各位有志者自行發掘囉！

PART5
啟動教學

你最擅長什麼？

透過整理、提煉自己的經驗，

分享給別人，進而啓發他人吧！

24 我的「微型輸出」計畫

我們每天都會看新聞或閱讀文章，無論是打開報紙、上網瀏覽或隨機拿起一本書，我把這樣的閱讀行為叫做「零碎閱讀」。在零碎閱讀之後，加上一點小小的改變，便能夠以「微型輸出」的方式進行知識傳遞，這是一個非常好的起點。

你可能對美食有興趣，你會否想著每天做一道菜，並記錄下做菜的過程呢？如果你對運動有興趣，你有沒有可能每天跑步，並拍照記下時間與距離？運用零碎時間將吸收的知識、經驗，提取出來進行「微輸出」，這是每個人都有機會做到的。我自己就曾想辦法堅持某件事一百天，用這一百天來讓自己完成「輸入到輸出」的過程。

二〇一五年，我已經走上講師這條路五年了，心裡一直期待要出書，卻不知道什麼門路。我得想辦法往出書這個大方向前進，我可以做什麼事情來往這個目標一點一點地邁進呢？

我想到了，這個答案就是我必須練習我的寫作能力。我並不是一個寫作能力非常強的人，該怎麼開始呢？我發現我的零碎時間是在每天到不同企業講課以及出差往返的交通時間，我在交通時間上習慣閱讀短篇文章。既然沒有辦法一開始就寫長篇文章，那麼我可不可以練習「寫一句話」就好？從一句話，到一、兩句話，再到一小段話，總之我希望自己可以藉此慢慢養成對文字的感覺。

於是這一年，我給自己訂定了一個一百天的計畫，這個計畫的名字就叫做「功夫語錄」。我強迫自己每天在零碎時間閱讀，讀完一篇文章或者是讀完一本書的部分內容後至少要寫下一句話，這句話可以是書中的金句，也可以是我自己的總結。我替自己的話語編號，發表在社群網站上。記得自己是三月開始做這件事，開始執行後才發現真的很佩服能定期寫文章的人，自己連每天寫一句話都難以做到，但即使過程有些間斷，我還是在二〇一五年的十二月二十六號完成了第一百句功夫語錄。

在開始發表的頭幾天，就有人問我為什麼要做這件事情。我向朋友們解釋自己想寫書的心願，過一陣子，關心我的朋友問有沒有出版社找上我，我說沒有，朋友便表示：「喔，那這一招應該沒有用。」我被問煩了，有時也懷疑自己，但是後來我想，不管別人有沒有看，重點是自己是否做到這件事，是否能夠持續下去，未來任何時間回顧這些話語，我都能夠激勵自己。最開心的是寫到後期，開始有出版社透過網友轉發注意到我了。

我慢慢發現，原來零碎閱讀也可以發揮如此大的效用，我不知不覺就完成一百天的挑戰。如果不這樣持續要求自己，自己是不會持續進步的。在這段過程中的某些時刻雖然不是很自在，但神奇的是，一段時間持續做一件事情，只要一中斷，自己反而會覺得非常不習慣。

很多人會問，那我做七天可不可以？二十一天可不可以？為什麼要一百天？我心裡想的是李小龍曾經說過的名言，不怕一個人會一百種功夫，只怕一個人把一招練了一百遍。練一百種功夫，每一種都是淺嘗輒止，終究不能實戰；不過如果把一種功夫練上百遍，往往可以一招斃命。我覺得思考也是如此，如果對一個領域進行深度思考，一直不斷地練習就會成為這個領域的專業。

後來，我在教課的時候提到這件事，說明我自己執行「一百天計畫」的經驗，甚至每一年都嘗試一個不一樣的一百天計畫。有趣的是，開始有學員在課後組建一個「一百天計畫」的群組，持之以恆地分享、輸出。我成為了影響大家的人，相信你也可以站上這個起點。

25 找到個人的知識定位

進行「微型輸出」後，如何再進一步發揮自己的專長與特點呢？我們得先確定自己的知識定位，再來理出知識架構。

第一步是確定自己的知識領域，重新認識自己。每個人都有別人值得學習的專長跟經驗，透過盤點自己，從而找準個人定位。

為什麼要做這件事？是因為每個人的經驗、專長都是獨特的。我鼓勵有志於成為教學者的人藉由這個機會重新認識一下自己，也重新定位、思考自己職涯發展的未來。可以運用這幾種方法：

系統化蒐集

系統化蒐集，需要先盤點自己重要的職涯發展和興趣所在。我們可以回想自己在人生成長過程當中所發生的種種事情，列出自己在重要職涯上面的某些關鍵點。

你可能有五年、十年的工作經驗，你做過哪些工作角色？這個工作角色有什麼樣的專長和能力？甚至因為這個工作，而產生不同的興趣愛好，是和這個工作有所連結的？這是第一項盤點。

好比我自己曾經擔任過產品經理，產品經理簡單而言，必須讓你的代理商能夠清楚了解要怎麼賣公司所研發的產品，所以你可能需要具備製作簡報的能力、演說的能力等。因為需要具備這樣的能力，我開始蒐集非常多的廣告文案，慢慢發現自己也很喜歡蒐集廣告詞，甚至研究英文的廣告詞是怎麼寫的。

在培養能力過程當中，我開始產生非常多準備要做的課程靈感，例如光從工作角色的養成，我就可以規劃一個主題，叫做「如何做好產品經理」，而專長與能力方面，也可以發展成「如何做好一場簡報」。還有因為喜歡蒐集廣告詞，經過大量累積與萃取後，甚至能開發一種線上課程，叫做「如何寫出好的廣告詞」。

當你盤點自己重要的職涯專長與興趣的時候，往往能夠產生出非常多的課程靈感，也能帶出屬於自己個人的特色。回想一下，自己過去曾經做過哪些事情，曾經培養出哪些專長跟能力，從這樣的角度來重新認識自己，或許會看到不同的面向。

第一步就是透過回顧的方式，列出各式各樣的知識教學關鍵字。

片段式蒐集

如果沒有辦法做系統性的蒐集，可能過去沒有長久的經驗，想了半天還是沒有想法，這時候怎麼辦呢？不妨試試「片段式蒐集」。

我們回想自己人生當中讓自己印象最深刻的某件事情，可能是在學生時代參加的某個社團或某個活動，例如帶領大家學習英文；也可能是自己平常就很喜歡的某些興趣或嗜好，例如蒐集模型車、插花，甚至是曾經拿過的認證或證書，例如電腦相關的技巧認證等，都是很好的經驗，可以當成知識教學的主題。

除了片段的經驗，還有一個思考方向是「別人經常稱讚你」的部分。例如別人常常稱讚你人緣好、很會結交朋友，這時候我們也可以進行思考——有沒有可能把創造人緣當成知識教學的主題，發展成「如何創造好人緣？」的教學題目。

讚美，也經常展現於工作當中。比如別人常常稱讚你「成交能力很強」，也就是你銷售技巧特別有一套，別人沒辦法成交的單子到你的手上都能夠成交。這個時候你也可以根據工作同事、客戶給你的稱讚回饋，轉換成你的知識教學題目，透過別人的稱讚來尋找自己的知識定位也是很棒的方法。

閱讀蒐集

如果真的找不出自己有任何可以分享的經驗，你還可以從最近閱讀的書開始，你的書架上有哪些書？有哪一些你曾經閱讀過，或是你很喜歡讀的類型？你可以把最近讀過，或是你有所涉獵的書籍轉換、內化成知識教學的主題，這也是一個很容易入門的方法。

我建議大家找各類型的「工具書」，工具書通常都有某種目的，可以幫助學習者解決問題，最適合轉換成知識教學。例如教你高效閱讀、教你時間管理等，你可以練習將這類的書籍轉換成知識教學，一開始透過寫文章，累積自己的知識輸出能力。能夠不斷輸出有品質、有價值的內容，就有機會轉換成系統化的課程，甚至將自己的知識體系寫成一本書。這也是一種知識變現路線，透過閱讀、分享，擴大個人的影響力。

26 系統化的知識教學

找到自己的知識教學主題之後，我們要試著列出關鍵點，並進行細分與組織。

什麼是「關鍵點」？就是在你腦腦海中所記憶，或者是你透過搜索得到的關鍵字。

假設我的知識定位在於「理財」，先不要上網或從書本搜尋，而是試著從自己的腦袋中去羅列出到底有哪些關鍵是我想教學的內容。好比記帳、編列預算、花錢、分析花費、財務風險、投資、保險、工作收入、累積資產、投資工具、投資規劃等等，不勝枚舉。沒有優先順序，也不用去做所謂的分類，目的在於盡量把關鍵點列出來。

以「理財」為例，這個主題其實很龐大，可以探討的面向很多，除非把它做成一個非常完整的課程，否則一時半刻很難讓人領略其精髓。因此，與其做一個非常耗時、完整的課程，不如把「理財」再細分出某個領域，將這個領域的專業呈現出來，講得非常透徹。

重點就是不要一開始就想把它做完整，而是要好好地把某一個細分領域做得很專業。我們可以從兩個維度來思考，第一個維度是「從目標群體出發」，第二個維度是「從自己的經驗、興趣出發」。

從目標群體出發

目標群體，重點就是這三個字——誰、做、搜。我們要先思考想要對「誰」說話，他們在「做」什麼的時候會「搜」到我們。

例如針對年輕族群設計理財課程，他們為何想要理財？他們會搜尋什麼內容呢？我假設這類型的目標客群可能會搜尋「如何存第一桶金」，如果朝這個方向去設計知識教學，就很容易被看見、被搜尋。

又或者，我們可以試著把理財主題分成基礎、中階、進階。哪些屬於基礎理財者想要知道的內容？好比記帳、預算、花錢等；中階的關鍵點則可能為工作收入、財務的風險、保險。進階則是投資相關的知識教學。

從自己的經驗、興趣出發

你最擅長什麼？你最投入哪類型的工作？從自己的經驗、興趣出發，又可以分成四個面向的思考。

一、最擅長什麼？

在過去經驗中，哪項職務、專業是自己最擅長的？例如「溝通」這個主題可以細分為職場溝通、親子溝通等，我認為自己比較擅長職場溝通，因此選擇之。

再來，「職場溝通」還可以細分為上對下溝通、下對上溝通、平行跨部門溝通，我認為我在職場比較擅長平行跨部門溝通，因此以「平行跨部門溝通」來設計知識教學。於是，我的課程主題可能是「讓你在職場如魚得水的十個跨部門溝通技巧」。

二、投入時間最多在於？

過去你曾經花很多時間持續對某件事的興趣，並讓自己深入了解這個主題嗎？例如「招募」這個主題中，又可以細分為撰寫履歷表、面試問答。我曾經花很多時間，蒐集了超過五百份履歷表，從中研究並分析出容易受到面試官青睞的履歷表。

而「撰寫履歷表」還可以再劃分為如何設計版面、如何撰寫內容等，我發現多數受到面試官青睞的履歷表，內容都寫得很出色，所以我選擇深究如何撰寫履歷表內容，開發出的知識教學主題為「最容易獲得面試官青睞的十種履歷表寫法」。

三、**理性導向？感性導向？**

你對「人」比較有興趣，還是對「事」比較有興趣呢？通常對人有興趣，轉化為知識教學時可以多從感性來思考；若是對事比較有興趣，則相對來說比較容易從理性角度來設計知識教學。

例如「創業」這個主題，可以細分為創業團隊、商業模式設計等。對人有興趣，可以從創業團隊進行思考，發展出「讓團隊願意跟著你的五大領導技巧」的知識教學內容。

而對事較有興趣，可以朝商業模式設計來發想，發展出「決定創業成功的十大商業模式設計」的知識教學內容。

四、喜歡講故事？還是教技巧？

有些人比較偏好學習條列式的公式，有些人則對於故事比較有共鳴。以「銷售」這個主題為例，我們可以如何切入知識教學呢？

喜歡講故事的教學者，可以發展從故事學銷售的知識教學內容，例如整理出「從二十四個經典故事學銷售」、「從十二部經典電影學銷售」來吸引學習者。

若比較擅長講解技巧、公式，也可以針對銷售技巧來設計知識教學內容，開發出「絕對成交必學的十大銷售技巧」這樣的主題。

以上這四種細分方法可以幫助我們思考自己比較擅長的面向，建議可以把這四項的答案寫下來，做一個綜合分析，嘗試往該方向發展，將目標設定在該細分領域，求小而專，不求大而全。

最後，先專注於原創，暫時不去考慮市場。在發想階段先不要去看別人的知識教學內容，而是要回顧自己原創、獨特的內容。因為一旦參考別人的知識教學之後，無論再怎麼發展，往往都容易有別人的影子。

我建議有志於知識教學的人要盡量維持自己的原創性，在不參考其他人的狀況下，先設計出自己的知識教學版本，有了自己的版本再借鑒他人，把更好的元素放進來，參考別人的方法，思考增添或減少什麼內容會讓知識教學更加完善，但仍然可以維持自己的原創架構。

27 成為講師的三個正確心態

學習了各種知識教學的方法與技巧後，我認為成為講師還需要有三個正確的心態，分別是**發揮正向影響力**、**以身作則**，以及**成為你自己**。

發揮正向影響力

我想和你分享一件事，有一次我作為學習者，參加了一個課程。在課堂中大概有十分鐘左右的時間，講師對於社會狀況與世界局勢侃侃而談，但多數夾雜了不滿與抱怨，台下的聽眾或許選擇聽聽就好，直到一個同學舉手對講師說：「老師，我不是花錢來聽你抱怨的。」

該講師聽完之後，也感到很尷尬。而這件事其實對我的影響滿深，那時我便認知到——任何一位講師，只要你站上台，就開始發揮影響力了。

站上台，我希望自己發揮的是正面的影響力，請不要把抱怨帶到台前。我們是把自己的經驗與專長帶給坐在台下的人，幫助需要幫助的人。當我們分享自己的故事，產生影響力的時候，其實我們就替這整個社會和我們的周遭環境，帶來一股正向的力量。

你可能很好奇，分享失敗的經驗可不可以呢？很多人其實都有失敗的經驗，大家可能也很想聽別人如何失敗。分享自己失敗的故事沒有問題，但重點是在失敗當中的學習，學習者可以從你的經驗分享中了解自己該避免什麼樣的錯誤，如何降低自己未來的風險。

像我自己就很常分享第一次當講師的經驗，站上台是怎麼樣失敗的。尤其在成為講師的這一路上，只要能夠降低出錯率，就能夠更接近成功。

以身作則

講師如何以身作則？就是要講自己的故事，說明自己的案例。

我們可能會分享別人的成功經驗，無論是比爾．蓋茲、賈伯斯、馬雲等，這些都是很能激勵人的例子。但別人再怎麼成功，都是別人的故事，當我們站在台上，其實分享自己的故事最動人。

我每一年我都會為自己設定一個「一百天計畫」，這就是分享我自己的故事。例如其中一年我連續一百天分享一句話，這是我的親身經驗，沒人可以取代，也因為這是一個平凡的故事，所以更能打動人，也更接地氣。

又例如我自己在教「創新」，所以我也很樂於分享自己在公益方面如何創新？在知識教學領域又是怎麼創新？寫書時還能怎麼樣應用創新的概念？無論你準備進行什麼樣的知識教學，你都要盡量發揮自己，讓自己累積各式各樣的案例與經驗。

換句話說，如果我們不是早起的人，我們就不必說早起有多好，因為我們本身就沒有這樣的習慣。簡單來說，你應該尋找自己本來的優勢，進而以身作則。

成為你自己

站上台的很多時候，我們可能都是從模仿開始。但是我很希望能提醒你——在這個世界上，你沒有必要成為第二個別人。

別人再好，你都不應該百分之百學習，你可以以他為目標來進行自己的成長。但是你一定要在學習、模仿的過程中找出自己的特色，放入自己的優勢，你才能夠最終成為你自己。

講師的迷思常常出現於要模仿成功者的套路，但講師的本質其實應該是整理、提煉自己的經驗，分享給別人，進而啟發他人。

例如針對「夢想」主題，我是有小孩的父親，我也很喜歡講小孩子的故事，那麼我可以談談親子的夢想。若很喜歡旅遊、看電影，你也可以透過這些你所喜愛的事物來談夢想，甚至有講者透過運動、創業等行動來講夢想主題。每一個人談夢想的方式都不一樣，你何須成為第二呢？

28 一堂好課的背後

最後，在知識教學的背後，需要有什麼樣的心理準備？我們可以從這三個方面著手。

熟悉知識教學內容

熟悉知識教學內容不單單只是多講幾次，或是多背幾次就能夠熟練，當我們練習的時候，要先進行第一個層次的思考，就是想「這堂課為什麼這樣設計？」、「為什麼是從這個知識點轉到另外一個知識點？」思考知識教學背後的設計邏輯，有助於熟悉課程內容。

練習講解知識的時候，一定要先自己講一遍，然後再觀摩別人的作法。一旦先看別人，這通常就會產生他人的影子，逃脫不了那個框架。而自己先做一次，之後我再去觀摩他人，可以理解原來別人是這樣做，某些內容比起自己所設計得更好。這樣的流程會讓我們對於教學更有感觸，透過這般方式去熟悉知識教學內容，其實比任何強加的練習都來得有效。

當你開始思考知識教學背後的設計邏輯，以及開始去練習後，更能感知到自己講得不太順的地方，或者是某個環節應該做個小小的改變，讓教學流程更順暢。

無論是什麼領域的講者，一定要透過類似這樣子的練習，來讓自己能夠更熟悉知識教學，慢慢內化，轉變成自己的內容。

從分享到課程

從分享到課程是講師之路上最常見的過渡方式，也是讓自己有更多練習的機會。

無論是哪個領域的講者，大多沒有辦法在第一次站上台時就很熟悉內容，表現得輕鬆自在。站上台通常都是很緊張的，而要破除緊張，其實最好的方法就是從「小型分享」開始。

我剛開始開課的時候，其實是主動在公司內部公布，例如某個週五下班時間我要開一場分享會，打算用三十分鐘和大家介紹一本書，歡迎大家來參加。先不管多少人會來，公布後自己有壓力，也就會準備了。一開始若沒人來也沒有關係，為什麼？因為至少我準備了，有人來，剛好就成了練習機會。所以我想鼓勵有志成為講師的人一定要讓自己有練習的機會，更要自己創造練習的機會。

一開始沒有站上台的勇氣，運用網路分享也是很容易入門的開始。例如我看到有關「創新」的新聞，我就主動分享在自己的網路社群中。

主動分享的時候，不要直接轉載，一定要加上自己的觀點，可以用很簡單的方法條列出新聞的重點，或是看完後加上自己的觀點。讓任何人光從你的簡單的重點分享，就可以知道這則新聞的要點。而你不斷開始分享同領域的文章，其實就是開始累積個人品牌，是許多人容易忽略但一個非常重要的過程。

除了分享新知，多寫文章也是同樣的道理，要求自己至少寫出五百字到一千字，發表在部落格、社群網路都好，不管成效如何，這就是你所輸出的觀點。

我在當講師的頭兩年，我就寫了三百篇的部落格文章，這三百篇部落格文章造成非常大的迴響，許多客戶是因為看到我的部落格，主動找我去上課。我怎麼寫呢？好比今天去吃了海底撈火鍋，我就寫一篇文章，談這個火鍋店品牌如何做服務創新；隔天看了一部電影，我就寫這部電影的主角有什麼樣的創新思維。

把看電影、吃美食、旅遊等日常生活與自己的知識內容主題連結起來，用這樣的方式累積自己的輸出，這是非常重要的轉換。唯有開始進行「輸出」，才會產生自己的思考。而自己輸出的知識內容，對於未來要成為更專業的講者，是一個非常重要的轉換。

再激勵你一點，為什麼許多知識內容品牌能夠那麼有料呢？因為這些講者都做了長期的累積，而且這種長期的累積是別人很難取代的。

讓自己可以更好

如何讓自己更好？第一步，記錄下來。

我在二〇〇七年的時候開始第一堂課，我把那一堂課編為〇〇一號，詳細地記下課程名稱、時間、地點、人數，列出自己做了什麼樣的活動，做成一張表格。

第一堂、第二堂、第三堂，第四堂皆是如此，我不斷累積，直到現在有好幾千場，透過這樣的開課紀錄，讓我慢慢看清自己的每一步，是我這輩子重要且珍貴的資產，沒有人可以帶著走。

不一定要公布紀錄，但必須要真實地寫下來。後來每當我把這個表格拿出來的時候，都會非常欽佩自己，能夠很真實的知道自己在哪一場做了什麼樣的突破，哪一場的案例其實表現不好。如果想讓自己更好，做紀錄是個非常重要的方法。

讓自己更好還有第二個方法，是要找人反饋。

當我們站上講師的舞台，聽到的往往是讚美的聲音大於一切。很多人會告訴講師：「老師，你課上得好棒。」這時候必須提醒自己聆聽真誠的反饋，客觀地知曉自己哪裡不好，才會有進步的空間。我鼓勵有志成為講師者找到有志一同的夥伴，可以兩個人一組，講課時互相觀摩，互相給予反饋，一起成長。

前述兩個方法都很重要，最後一點則是我給自己的功課。

每一次結束講課，一個人坐上車時，我會開始回想今天上課的情境，思考哪裡做得不好？哪一個環節我怎麼樣做可以更好？把自己對於知識教學的感覺記錄下來，是一個自我反思的過程。

做紀錄、反饋，都是很重要的基礎，會造就你進行自我反思，想著怎麼樣可以讓自己可以更好。

這就是如何成為一個講師的方法，即便你現在不是講師，也能從此開始，建構出完整的知識教學能力。

而現在有很多不同的平台與曝光方式，講師也不局限於某種既定的形式，而是任何人都有機會將知識進行輸出。在工作之餘，你可以將自己的經驗和技能分享出去，甚至達到知識變現，產生收入；在社群上，你可以表達自己的觀點與看法，獲得粉絲與流量，進而找到個人事業上的新方向。

國家圖書館出版品預行編目 (CIP) 資料

知識，可以這樣賣！：打破思考框架的 IDEA 法則，輸出觀點就能成為社群、職場 KOL／劉恭甫著 . -- 初版 . -- 臺北市 : 遠流 , 2020.09
面； 公分
ISBN 978-957-32-8858-9(平裝)

1. 職場成功法 2. 知識管理

494.35 109011692

知識，可以這樣賣！

打破思考框架的 IDEA 法則，輸出觀點就能成為社群、職場 KOL

作　者——劉恭甫

資深編輯——陳嬿守
副 主 編——陳懿文
封面設計——陳文德
行銷企劃——鍾曼靈
出版一部總編輯暨總監——王明雪

發 行 人——王榮文
出版發行——遠流出版事業股份有限公司
地址：100 台北市南昌路二段 81 號 6 樓
電話：2392-6899　傳真：2392-6658　郵撥：0189456-1
著作權顧問——蕭雄淋律師

2020年9月1日初版一刷
定價——新台幣 350 元（缺頁或破損的書，請寄回更換）

ISBN 978-957-32-8858-9

遠流博識網 http://www.ylib.com　E-mail:ylib@ylib.com
遠流粉絲團 https://www.facebook.com/ylibfans